P牌爸媽 2

張潤衡、錢佩佩、劉金靜 合著

之家長輔導員手冊

目錄

第一章 - 為甚麼家長必須擔任孩子的輔導員？

第二章 - 為甚麼孩子總是不聽話？

第三章 - 一說就懂，正向溝通技巧

第四章 -「聽」懂子女的「情緒」

第五章 - 如何協助孩子以正向的方式表達情緒？

第六章 - 如何應對家庭裏的衝突？

第七章 - 如何協助孩子處理朋輩關係？

第八章 - 處理子女的負面情緒

第九章 - 親子壓力管理及正向激勵模式

第十章 - 支援子女情感發展的遊戲設計

推薦序（一）

我相信很多家長都希望子女從小打好紮實的基礎，為將來做好準備，但過分執著「贏」，這份為了子女的努力反而傷害了親子關係，最終大家都輸在終點站。

社會上有很多人畢業於一流大學，又擁有高學歷，然而他們卻在社會發展上仍然有常碰壁，欠缺的能力往往在於人際關係、領導能力、團隊合作和溝通等範疇。我們如何能裝備好孩子學習軟技能（Soft Skills），包括溝通能力、靈活性和創造力、解決問題能力、時間管理能力、領導力和團隊合作的能力？

一同感受，以身作則

我在家中也會常常用心觀察瞭解孩子的行為，思考背後反映的是甚麼觀念，鼓勵他們表達自己的感情，這個想法是好還是壞等。雖然我們未必是一個與生俱來的兒童心理學家，但我們都可以多用功，學習做一個「P牌爸媽」。

能承認自己的不足，才會懂得去虛心學習和用心聆聽

其實，我們每一天也在不斷學習中，教育小孩是一門無盡的學問，因為沒有人知道將來的世界會變成怎樣。只有裝備好自己，才能懂得如何裝備好孩子，讓他們有適應和抗疫能力，面對將來的世界。

祝福每一位「P牌爸媽」都能與孩子在快樂的環境中一同成長。

徐英偉，JP
勞工及福利局副局長

推薦序（二）

感謝錢佩佩女士的邀請，給她與張潤衡先生及劉金靜女士合著的新書寫序。

作為一位教育工作者，又同時是兩位孩子的母親，對於家長這個角色，我別有一番體會。在我的工作中，經常有一些家長來向我請教有關教養孩子的方法，亦有一些家長在管教孩子的事情上常感困惑無力，更因與孩子互相角力，影響親子的關係。甚或有一些家長為了孩子的教養模式而影響夫妻及與上一代的關係。教養孩子孰易孰難？由來意見莫衷一是，而「教養」這回事又好像與家長的學歷或家境沒有必然的關係，相信每位當父母的，一定都是新手，沒有經驗可循。因此，可以參考的就只有過來人的經驗，例如長輩、朋友及一些專家的心得。本人認為這是恰當的做法，惟須注意栽培孩子的方法有很多，實無固定的程式可依，因為每個孩子皆是獨特的。

輔導重視的是人，要輔導別人，就先要整理好自己，才能夠有心有力幫助別人。因此，本人認為教養最重要的著眼點是父母自己，家長必須要擁有「當父母的動力」，因為教養孩子不是容易的事，如缺乏嚮往、享受與堅持，是很難在教養孩子的過程中感受當中的樂趣。因為最幸福的孩子，就是他們的父

母嚮往當父母的角色，並且享受教養的過程，雖然有時難免會遇上困難，甚至灰心、失望，但藉著這股「當父母的動力」，堅持下去，最終也會找到合適的栽培方法。當父母樂意花時間陪伴孩子，享受與他們共處的時光，願意聆聽他們的聲音，並且一同面對人生的種種挑戰，孩子自然感受到這一切，他們會更明白父母的所思所想，進而心繫父母，感激父母，願意與父母分享快樂與憂愁，這就是骨肉相連的關係，無人可以代替。

親密的親子關係恍如一把鑰匙，幫助父母打開孩子的心扉，令教養更具效能。心理學家 Erikson 曾說：「要有效管理行為是需要以關係作為基礎的。建立關係的過程中需要愛、同理心、尊重及欣賞。」有時候，孩子願意改善偏差的行為，不是因為「方法」，而是因為彼此的關係。孩子從少不更事至羽翼漸豐，每一階段都需要父母作他們的指路明燈，然後一步步離開父母，邁向獨立。孩子總會有離巢的一天，惟父母與子女從小建立的聯繫感卻仍緊緊抓住彼此的心，產生的愛及安全感永遠激勵著孩子，讓他們自信地盡展潛能！

楊美娟

九龍塘學校（小學部）校長

推薦序（三）

　　每個孩子都是父母的「寶貝」，當然我也不例外，我對他們的期望就是簡單的活得快樂和健康。然而今天的香港教育環境與往日我的童年時代真的有很大分別，不只是吃夠飽和乖乖聽話就能幫助孩子面對將來的挑戰。現在大女四歲，小兒子兩歲，這幾年深深體會到「教」「育」孩子真的不容易，甚至比做生意需要更多的心血和耐性。

　　《P 牌爸媽的心靈豬骨湯之管教子女 Easy Job》能夠深入淺出地教會我如何應對平日遇到的育兒難題，簡單的說就是很實用！夠貼地！有方法！我曾出席張潤衡先生的講座，令我印象非常深刻的其中一句是：「我們作為家長的，認為對小朋友有絕對權力，而我們的小朋友對我們有絕對的服從！所以很多時候我們和小朋友相處的處理方法及相處之道，有時可能仲差過我們對同事及對朋友！用錯語氣用錯方法！」

　　情緒智商是我很重視的一個課題，人生活得快樂與否、人際關係乃至個人的身心健康等都與情商有莫大的關係，非常期待衡爸在此新書內繼續分享他的個人經驗。

當爸爸這條道路上，有幸認識衡爸，他更成為我的良師，而正正就是他的正能量和專業的育兒知識，吸引了我邀請他擔任第 28 屆香港金口獎親子工作坊的主講嘉賓。

　　祝福每位家庭幸福！健康！快樂！

陳德鴻先生

北區青年商會社會發展董事

心粥館管理集團有限公司 董事總經理

作者序（一）

　　「養兒一百歲，長憂九十九」這句話真的沒有錯，時常有人會問佩媽作為三個孩子之母，必定很有經驗湊仔，我承認在某程度上是正確的。可是每個孩子都是獨特的，他們性格各有不同，遇到的問題也很不同，所以作為媽媽的我絕不能「一本通書睇到老」，對待每個孩子方法也應該不同，但肯定有一個共通的方法，就是對孩子有百分之一百「愛」及百分之一百「信任」孩子，學懂如何隨著他們成長去協調相處方式，就好像十六歲的大公子已經不會像五歲的三公主一樣可以抱抱及錫錫！特別是情緒問題，大公子喜歡把心事藏在心底；二小姐是個直腸直肚的孩子；三公主則是大笑姑婆天生的樂天派，你說怎可能用同一個方法去處理他們的問題？

　　今次除了和張潤衡合著之外，還加入了前線社工劉金靜姑娘，以不同角度去分析孩子情緒，大家也知道我和張潤衡的想法一向也背道而馳，有時候在某些地方也會各有堅持，劉姑娘的出現正好整合了我們的想法。

我很想多謝幫此書寫序的其中兩位：

徐英偉副局長，認識你時間不長，看見你公務十分繁忙，但你也用盡所有時間去陪伴孩子，真是令人敬佩！更沒想到，你願意抽出寶貴時間去為我們寫序，實在感激萬分！

楊美娟校長，妳既是二小姐小學的校長，又是大公子同學的媽媽，在我眼中，妳絕對是一個懂得如何去「愛」孩子的教育工作者及媽媽。很感恩二小姐在妳的領導下快樂地完成六年小學課程，很想告訴妳，前陣子我與二小姐現時中學校長談起二小姐當年中學面試，中學校長說當時最有印象是二小姐，她說二小姐面試表現出十足自信，說話也大方得體，我相信一定是楊校長在學校推行的「自信教育」培訓了二小姐自信，多謝妳對二小姐多年來悉心栽培！

最後，我要再一次多謝大公子、二小姐及三公主，你們的出現，令我生命增添了不少色彩及快樂，期望你們可以健康快樂成長，媽媽永遠愛你！

錢佩佩

作者序（二）

近年許多教育團體紛紛去到外國交流及借鏡，例如：芬蘭、德國、以色列……等，但香港仍有許多學校以學業成績為首要，在這大環境氛圍下，家庭各成員疲於奔命，每日催谷兒女功課成績，親子間關係顯得緊張。

其實每一位兒童均擁有不同的能力、性格、強項等有待發掘，但我們卻時常忽略了這點，以現時教育配套為例，如學習模式偏向長時間「安坐」聆聽老師教導，根本未能支援到學生不同的學習差異。

另外，香港教育著重結果多於過程，令一班成績參差的兒童自評為「笨學生」，劉姑娘曾看到許多成績稍遜的學生將默書、考試成績收起，時常表示忘記帶回來，有些甚至表達自己「不是乖學生」，原來在他們心目中成績好便是乖學生。每當看到此類情況每日上演，不禁令我反思教育的意義。另一方面，以成績結果作主導的兒童，因偶有失手而跌入漩渦走不出來，情緒亦大受打擊。

近年新聞時常報導學童因學業問題而選擇輕生，難道他／她們的人生裏就只有學業，沒有其他更有意義的事情？而最深刻的是早年新聞報導過一位學生所寫的絕筆信，以下內容節錄自東網：「我不想故事這樣落幕，我曾經以為我的故事很精彩，這個世界或許很美好，但沒有人告訴我怎樣感受，我也不懂甚麼是愛，我以為我學會了，知道了，但原來不是。」每當想起這封絕筆信，都提醒我為社會出一分力，預防此類悲劇再次發生。

所以我很希望透過本書讓更多家長加深了解自己的子女，成為大家彼此心靈支柱。

劉金靜姑娘

作者簡介

張潤衡 Stanley —— 應用心理學培訓導師

生命教育工作者、多份報章的專欄作家、香港電台節目主持。

大學主修心理學，獲教育及社工雙碩士，以及 NLP 高級導師、危機干預導師及催眠治療師資格。擁有近十年主講家長講座和六年實戰育兒教仔經驗，主張零體罰，是一位習慣使用心理學技巧來教仔的 P 牌爸爸。

張潤衡先生多年來熱心服務本港青少年，因而獲政府頒發榮譽勳章，及曾當選香港十大傑出青年、香港精神大使等。

個人網頁：www.cyh.hk

希望了解更多關於家長教育的課程及工作坊，請即瀏覽生命動力培訓及輔導中心網頁：www.kineticlife.hk

專業資格：

香港註冊社工

香港教育大學教育碩士

香港中文大學社會工作社會科學碩士

美國三藩市州立大學心理學學士

美國馬里蘭州大學 Baltimore 分校 - 重大壓力事件管理學證書
（CISM）

國際危機干預基金會（ICISF）– 註冊認可導師

美國聯邦神經語言程式學會（NFNLP）- 註冊高級導師（Registered
Master Trainer）

美國催眠學會（ABH）- 註冊催眠治療師資格（Certified
Hypnotherapist）

國際醫學及牙科催眠學會（IMDHA）- 註冊催眠治療師資格
（Certified Hypnotherapist）

國際危機干預基金會（ICISF）- 進階團體危機介入証書

國際危機干預基金會（ICISF）- 個人／團體危機介入証書

作者簡介

錢佩佩 —— 資深傳媒人／三個孩子的媽媽

畢業於香港演藝學院及珠海書院,於香港電台擔任編導及主持人多年,並同時出任語言導師、司儀、活動策劃人等,近年積極參與慈善服務,以身教作子女榜樣。佩媽育有三名年齡介乎五至十六歲的子女,育兒實戰經驗相當豐富。

Facebook 及 IG 專頁:錢佩佩

作者簡介

劉金靜 Jane —— 註冊社會工作者

劉金靜姑娘在社會服務界工作已逾 17 年，並擁有近 10 年擔任社工的經驗，曾為家庭服務中心、兒童及青少年院舍、小學、新來港及低收入家庭提供服務。在輔導情緒及行為有困難的孩子、特殊需要兒童、親子衝突等方面擁有豐富經驗。

劉姑娘亦是一位「6A」品格教育講師，舉辦不同講座、工作坊，將「6A」引入兒童遊戲中，用於訓練兒童的專注力及改善兒童情緒，效果亦相當顯著。劉姑娘現為兩間培訓公司總監，曾接受傳媒雜誌及電台的邀請分享育兒資訊，現時主力為不同教育機構提供培訓及小組活動。

學歷、專業資歷、及現任和曾任職位：
　　拓思培訓發展中心總監
　　樂歷全人發展兒童成長課程總監
　　少數族裔關懷協會委員
　　生命動力培訓及輔導中心顧問導師
　　香港註冊社工
　　打鼓嶺嶺英公立學校兼職駐校社工

前聖公會聖基道兒童院同心牽程序幹事
前佐敦道官立小學駐校社工
前香港扶幼會主流學校支援服務項目主任
Circle Painting Level Two
STEAM Drawing Level Two
「6A」品格教育講師
TJTA 泰氏性格分析執行師
歷奇輔導工作者基礎證書
LOWEVENT 駐場教練
二級山藝訓練證書

如想知道更多育兒資訊，請 Like：
80 秒的愛頻導 -80s lovechannel

第一章

為甚麼 家長 必須擔任 孩子的輔導員？

(學校班社工和老師死晒嗎？)

1.1 假如子女忽然跟你說……

　　給大家一條情景題，假如你的子女回家時立即跟你說：「今天我在學校考試出貓，訓導主任說要記我 2 次小過。」

　　作為家長的你會有甚麼反應呢？

　　想一想，是真實的反應。

　　然後，又假如，這一次是孩子忽然離家出走，但時間不是太久，還不夠你到警署報案的程度。只是你在公司繁忙地工作的時候，學校致電給你說：「你的孩子今天沒有上課。」然後你也聯絡不上你的孩子，於是只好立刻被迫向公司告假尋子／女（當然也同時被那位 XX 老闆微言了幾句，又被隔離位那八婆揶揄你不懂教仔／女了幾句）。

　　接著，你花了整個下午來乘的士來往了十幾個地區（車費約花了一千元左右，而且幾乎每程的士，你也被紅的拒載了五次），並且你熟知人多好辦事的原則，所以你在的士車廂內同時向臉書大神及 WhatsApp 八公八婆吹水組求助。

　　晚上十一時零三分，當你正處於心急如焚的時候，也一直被一班平日不常見面（而你也不太想往來）的三姑六婆打電話來關心。最慘的是，他們一直在問你一題你都在問自己的問題，

「現在孩子在哪裏？」然後，晚上十一時零六分，孩子若無其事地自己用鎖匙打開大門回家。

剛剛好，你也同時見到放在面前的手機螢光幕，剛好彈出了蘋果動新聞及香港 01 等報章 pop up 顯示了你的尋子／女啟示，原來各大傳媒剛剛開始轉載你的尋子／女啟示。

如果不幸地，你正是這位家長，你會有甚麼反應呢？

好！在這一段起，先加一句免責聲明！在此勸喻有心血管疾病、高血壓等不能受到嚴重刺激的人士、或孕婦，請不要去代入以下兩題問題了。

這一次，你那處於青少年時期的孩子回到家裏後，用認真的態度跟你說：「我要當爸爸（或媽媽）了！」

如果你真的遇到了這個情況的話，你會有甚麼反應呢？

相信你總不會作出：「太好了！我要抱孫了！」的反應吧！

衡爸曾經數十次於主講家長講座時，向家長問到以上的問題，大家的反應都是憤怒、震驚、逃避、目瞪口呆等……然而，只要大家上網找找有關青少年意外懷孕的問題，在世界各地都相當令人感到關注和擔心。而且，這情況和成績好或差沒有任何關係，所以，就算你的子女就讀名校，成績名列前茅也好，你也可能會面對這個問題。

最後一題給家長的情景題，假如，真的是假如，假如有一天，你正在公司忙得不可開交的時候，那一刻你真的很累，因為你已經連續加班了兩星期，每天早出晚歸，每天回到家的時候，家人都睡了。其實你也不想這樣忙的，但為了賺錢來支付孩子的各項開支，包括了學費、補習費、興趣班學費、支付未來讓孩子海外升學費用的儲蓄基金等……為了孩子，你認為這些辛苦都是值得的。就在這個時候，你收到學校的來電，但這次不是告訴你孩子沒有上學，而是電話聽筒傳來校方教職員非常慌張的聲音，內容是：「你的孩子剛剛從五樓的走廊跳下，救護車正把他送去醫院，請你立刻趕去醫院……」

　　假如，真的是假如，假如你收到這個電話，你會有甚麼反應？

　　這條問題，我是非常認真地問大家的。因為和前三題不同，假如，真的是假如，假如你真的接到這一通電話的話，其實你怎樣反應都已經沒有甚麼意義了，因為一切已經太遲了，你最愛的孩子已經永遠離開你了。

　　因此，從我的兒子出生後，我每天都在問自己這些問題。原因是，我不想要面對或處理這堆問題，而最好的方法就是預防這些問題發生。

1.2　孩子自殺，是誰的責任？

　　衡爸非常關注青少年自殺問題，因為在二零零五年從報章上看到一則新聞，那是關於一對中學生情侶相擁跳樓身亡的新聞，而且是兩屍三命。事件非常轟動，同時亦直接顯示了香港學校裏兩個校園禁忌話題，一直避開與學生討論自殺和性的問題，結果終於出了這件大事。記者一直追訪下去，最後一篇報導說，最後雙方家人決定讓他們合葬。

　　當時我的心裏也有一條問題，如果他們不選擇一起自殺的話，事件會變成怎樣？這又回到上文的第三條問題，家長們，你們會怎樣？

　　讓我猜猜吧！會否先狠狠地給他一記耳光，接着再破口大罵？

　　再猜猜他們的學校會如何支援這兩位學生呢？根據衡爸於二零零一年，仍在讀中學時的校規，拍拖是要見家長和記小過的。那麼，如今那對小情侶還發生了性行為及懷孕了，應該肯定會認為自己將被學校開除吧！

當時，衡爸正在大學修讀心理學，亦剛好正在讀一科有關處理青少年行為問題的科目。筆者嘗試分析這個事件，心裏亦立即出現兩個方案，他們的選擇基本上就只有墮胎或準備迎接新生命而已，絕無自殺這個選項。

而且，根據報導引述，這對小情侶竟然不是那些無心向學，及操行問題多多的壞學生，他們都是品學兼優的優等生。或許就是這個原因，他們更加明白一個事實，無論是家庭或學校也好，求助的下場就只有責備和懲罰。這樣的話，求助還有甚麼意義呢？最後他們只好用他們能力所及的方法來解決問題，所以，發生了這件兩屍三命的青少年自殺悲劇。

1.3 孩子遇到問題的時候，父母在做甚麼？

　　早前在本港的新聞留意到另一宗學童自殺個案，有一位中學生收到訓導主任的來電，被通知因逃學而被記大過後，他向老師央求：「求求你，放過我，我下次改！」然後便撰寫遺書和跳樓自殺了。在死因庭上，父母當然指責校方失職，但無論法庭的審判結果如何，又一位青少年因學業壓力自殺了，這是又一個可悲的事實。

　　許多人紛紛指責訓導主任的來電是導致學生自殺的主因，實情如何？我們也不得而知。但被記一個「大過」對學生有甚麼影響？以香港的學校風氣來說，這跟把學生推去送死沒分別。因為對學生來說，記過等同留案底，是一個終身污點。但是記過卻沒有任何審訊程序，單純是出於老師個人的一念之間。衡爸曾經在小六的時候，在學校唱了一首汪阿姐的《熱咖啡》而差點被記缺點。

　　衡爸被訓導主任告知要記缺點後，立即在聖經堂問了一條問題：「只要信耶穌，死後便能上天堂嗎？」然後，我在課堂中寫了遺書。二十分鐘後，要不是班主任出盡力幫我們幾位學

生求情，成功把處分由記缺點改變成為守行為的話，我在十一歲的時候便應該已經跳樓自殺死了。

後來，在收到的守行為警告書上發現，我的罪名竟然是「擾亂課堂秩序」！但我只曾在小息時跟同學唱過那首歌，要不是有班主任拼命拯救，我差點便死得超級冤枉。

我不會說所有訓導主任都是壞人，因為在我讀中學時，便恰巧遇見了訓導主任背後的溫柔一面，所以我成為了全校極少數不憎恨他的學生。訓導老師招人討厭的原因通常是習慣以罵、罰、記過來處理學生的操行問題，但這有用嗎？這道問題很值得教育者們反思的。

然而，家長又習慣用甚麼方式來教育兒女呢？也是打和罵吧！為甚麼那時候的衡爸會打算自殺？因為衡爸的心裏相信，拿着一張被記缺點一次的通告給父母簽名，下場必定比死更難受。

1.4 讓子女在遇到困難時想起你

現在的生命戰場可不是開玩笑的，大家都在面對超現實的競爭環境，但我們要切記一點，當大家都希望讓孩子們贏在起跑線上的同時（不騙大家，就算極力推動生命教育的衡爸，也一直在把兒子的起跑線不斷推前），也要謹記，就算把孩子的起跑線推得有多前也好，能夠確保他們成功衝過終點的才是贏家。這個問題，從近十年內不斷發生的在學青少年自殺事件中能夠察覺到，我們必須同時護送孩子平安跑到終點。

因為，當父母只想着子女的將來，但子女活於當下的壓力，已經使他們不敢向前踏出一步了，那麼他們還有甚麼將來可言呢？

佩媽說：

衡爸的一席話，我有深刻的體會，因為佩媽的大公子已經拍拖了！佩媽告訴大家，我真的有想過，如果有一天大公子回來告訴我，他有了孩子，我會有甚麼

反應？當然絕不是衡爸所說的：「太好了，我可以抱孫了！」其實佩媽一向也是遇事先不問責，解決問題才是首要任務的人。還記得佩媽發現自己在高齡時懷有第三胎時，曾好好的考慮要和不要的這個問題，事實是佩媽一定不會選擇墮胎，但把孩子帶來這個世界，要面對的問題也頗多，當佩媽把此消息告訴孩子時，也順道來一課生命教育，讓孩子明白生命的可貴！當然並非每一個爸媽也有這說教的機會，但在現今資訊科技發達之下，其實可以借用每一個生命故事，多和孩子討論尊重生命和珍惜生命的課題，這是絕對不可缺少！

如果讀者有看過佩媽與衡爸合著的第一本書《P 牌爸媽的心靈豬骨湯之管教子女 Easy Job》一定會記得佩媽提過家父很兇惡，那個年代打罵似乎是唯一的育兒方法，佩媽兒時常常擔驚受怕，怕會一不小心就被鬧及打。現在長大了仍記得兒時的一次經歷：佩媽一向也有咬筆的壞習慣，有一個晚上一不小心吞下原子筆的藍色墨水，滿口也是藍色，佩媽以為不去醫院洗胃，就一定會死！但佩媽卻選擇急急的去睡覺等死，也不敢告訴父母，就是怕被鬧及打，所以佩媽十分明白孩子怕父母打罵多過死！父母打罵真的、真的、真的對孩子有很大程度的影響，佩媽明白孩子有很多行為可能真的很「激心」，但停一停、諗一諗，倒杯水喝一口，讓自己情緒平復一點才處理孩子的行為，便會減少很多不必要攻擊孩子的說話衝口而出，共勉之！

第二章

為甚麼 孩子 總是不聽話？

2.1 「孩子有沒有曳？」

佩媽說：

　　從小認識聽話這兩個字，就等於要「乖」！佩媽在兒時，心裏總喜歡問「為甚麼要這樣做？」但總是只得心想，因為佩媽明白要做乖乖女就必須要聽話，心裏其實有很多疑問，但又不敢說出來，有時真的很不願意，甚至心底裏很想不服從，但也會照做，佩媽在這樣的培訓下，變得長大後也不懂拒絕及表達意見，凡事也逆來順受！

　　所以佩媽一向給予三位小魔怪表達的機會，及每件事情也會令他們明白後果的重要性，如果不太影響後果，也會讓他們自己決定，佩媽深信只要是他們自己願意及喜歡的事情，一定會做得很好！佩媽最深深體會，就是大公子和二小姐考小一，大公子在對面海小學面試時，因為不喜歡那所學校太遠，全程採取不合作態度，胡亂回答問題；二小姐前往她心儀的小學面試前，再三叮囑爸爸要俾心機面試，而她自己亦表現十分出色。這就足以證明，做家長不是要孩子聽話，是要孩子明白為甚麼要愛上你的指示！但當然不是所有事情也會任由他們自己話事，常常遇上他們不服從，最後採取不聽話態度。佩媽有些事是不會讓步的，特別是二小姐會常挑戰佩媽：「為甚麼哥哥

可以，我卻不可以！」「為甚麼妹妹她有這個特權，而我卻沒有？」佩媽有時候都會很煩惱，很想說一句：「總之唔得就唔得，叫你做就做啦！」常常說到口邊也會吞返落肚，繼而會以三寸不爛之舌去說服小魔怪，但卻令佩媽很容易變成「嫦娥」，真的很難拿捏哦！

衡爸說：

衡爸的兒子半歲左右，身邊的人便開始問我：「仔仔有沒有曳？」或者正面點問就是：「仔仔乖唔乖？」衡爸明白的，通常這都只是一句客氣說話，通常用來向有父母的孩子打招呼用的。就好像新年時候見到親戚時的問候，如：「最近成績怎樣呀？」、「結婚未呀？」、「升職未呀？」一樣令人感到討厭。但「仔仔乖唔乖？」這句說話的殺傷力比較嚴重，因為這句說話會嚴重影響你和孩子的關係。

我們試一試去回應這一句「孩子有沒有曳？」的問題吧。

這是一條是非題，答案就只有「有」或者「沒有」。如果對方問的是「有沒有乖？」的話，你的思維還會去想孩子乖的地方，但對方問的是「孩子有沒有曳？」的話，答案便肯定是：「有。」因為是非題的定義是，他做了九十九項乖的行為，只曳了一次，答案都是：「有。」而且，父母習慣通常都偏向記住小孩曳的行為。

所以，衡爸在面對這些客氣說話時，都會認真地回應。小卡索在三歲前，衡爸的回答是：「小孩子在三歲以前都是不懂得曳是甚麼來的。」小卡索三歲後，衡爸的回答是：「我們每天也在努力地聆聽對方的聲音呢！」

2.2　為甚麼孩子不聽話？

　　其實「孩子有沒有曳？」的意思，一言以蔽之，不就是「孩子聽話嗎？」所有家長都希望孩子聽教聽話。孩子聽教聽話的話，父母就舒服多了，心血管的健康狀況也會良好得多。

　　讓孩子聽教聽話，當然不是一件容易的事。大家有想過，為甚麼他們就是不聽教聽話嗎？難道真的是因為他們曳，所以他們不聽話嗎？

　　其實當我們面對有關孩子不聽話的情況時，我們三位作者都把這些情況歸納為以下三個狀況：

一、他們聽不到你的指示；
二、他們不明白你的指示；
三、他們不服從你的指示。

1. 為甚麼孩子聽不到家長的指示？

　　你試過在生氣的時候說話嗎？情況是怎樣的？

　　衡爸曾經在街頭見過好多次，家長罵子女罵得上氣不接下

氣，先不說在口出惡言時急得把話說得詞不達意，說話的音調更扭曲得無法辨認。連大人或青少年都聽不到對方在說甚麼的話，小孩子更加沒法把說話聽明白。

接下來，家長再惡形惡相地在狠狠地問一句：「你明白我在說甚麼嗎？」稍為有一點理智的小孩都會立即回答：「我明白了！」因為他們就算聽不到家長的指示，也會感受到家長在此刻很兇惡，只好被迫暫時屈服於家長的權威之下。但是，家長以為孩子知錯了，但實情是孩子根本聽不到家長說過甚麼。最後，小孩再犯，家長再罵，而且罵得更兇，相同情況再次發生並造成惡性循環，然後無限輪迴，家長便會認定孩子喜歡與自己作對了。

另一個孩子聽不到家長在說甚麼的情況，則經常出現在公園或家裏。

事例一，孩子在公園瘋狂暴走玩樂時，家長坐在公園旁的長椅上玩手機。家長看看時間，差不多要回家了，但家長曾經聽過家長講座，知道要給孩子緩衝時間，於是便用獅吼功大叫一聲：「多玩五分鐘便要回家了。」

五分鐘後，家長再次以獅吼功大叫一聲：「夠鐘了！回家了。」
回應是：「⋯⋯」
獅吼功大叫兩聲：「夠鐘了！回家了。」
回應是：「⋯⋯」
獅吼功大叫三聲：「夠鐘了！回家了。」
回應仍然是：「⋯⋯」

小孩完全沒有反應，於是家長便怒火冒起，直接衝過去大罵孩子，孩子卻露出一臉茫然的表情，然後邊被罵邊被拉走。

這個情況是衡爸經常在公園見到的，到底家長犯了甚麼錯？

首先，請家長別太高估自己的獅吼功，因為和小朋友鬥大聲的話，是以卵擊石的行為。加上在公園裏，家長和子女的距離之間，隨時有一群正在尖叫的小朋友出沒，所以子女根本就聽不見家長的指示。

另外，當小孩正在專注地玩耍時，一句從遠處傳來的聲音根本不足以引起他的注意。加上在公園裏，同時間便有幾位家長正在獅吼中。小孩哪知是誰的家長在大叫？而且，用獅吼來發出的聲音通常都是不清晰的，小孩更聽不明白家長在說甚麼了。

因此，衡爸建議在這種情況下，家長應該直接行過去子女的身邊告訴他們，以確保他們聽見指示。

2. 為甚麼孩子聽不明白家長的指示？

衡爸擁有多年的演講經驗，雖然喜歡運用故事引導聽眾作出反思，但最不喜歡遇到年紀太小的聽眾。因為小孩子的腦袋未發展成熟，故缺乏理性思考的能力，而且他們還未累積足夠的人生經驗去理解大人世界的事物，所以較難去思考一些太複雜和抽象的東西。但是，衡爸偏偏就是喜歡和別人討論複雜和抽象概念的傢伙，所以不太喜歡跟太小的孩子溝通。

說一個例子，雖然衡爸是一位基督徒，故很早便和小卡索返教會，但衡爸至今也不太懂得跟小卡索說聖經故事。原因就是衡爸的弱點是，只懂得以神學及理性角度討論聖經。所以，每當小卡索問及衡爸有關聖經故事的問題時，例如：「為甚麼彼得會出賣耶穌？」衡爸便會結合四福音中對彼得的性格描述，及當時的社會背景及政治勢力開始解釋，然後小卡索便立即睡著了。

為甚麼教導小朋友最需要的就是耐性呢？因為他們還未成為大人，有些事情，不懂就是不懂。正如一個小孩子連乘數表都還未學會的時候，你又怎能期望他能夠處理更難的數學題目呢？

然而，家長常常跟兒女說人生道理，分享經驗是好，但要他們明白才行。好像有些年長一點的家長很喜歡跟小朋友分享：「我們小時候連吃也吃不飽，也別說有機會讀書。你明不明白，你真的是身在福中不知福了？為甚麼你就不能明白讀書的意義？」

他們當然不明白了，因為他們從來未經歷過捱肚餓，當然不會像山區的孩子般，深信知識能改變命運，然後每天走幾公里去上學，然後回家後還幫忙煮飯後再挑燈夜讀。故此，和小孩子說話，請避免說太深奧的理論和道理，若他們不明白的話，是沒法作出回應的。

3. 為甚麼他們不服從你的指示？

首先，衡爸的想法是為甚麼他們必須服從家長的指示？

我們或可以反思一條問題：父母的指示必定是正確的嗎？衡爸一直相信，父母不可能永遠都是對的。假如孩子認為父母的指示缺乏理論支持的話，孩子能否選擇不服從父母的指示呢？

其實孩子選擇不服從家長的指示時，通常只會在兩種情況下出現，一是他們認為家長的指示缺乏理據支持（簡單來說就是他們認為家長的指示是錯誤的）；二是他們擁有個人的想法，希望獲得自主權。以下將會詳細說明。

2.3　當子女認為家長的指示缺乏理據支持的時候……

　　第一個情況相對比較理性，這一點衡爸鼓勵各位家長多保持一種開放的態度面對，因為若這種情況真的出現的話，大家很應該感恩。畢竟，各位家長不妨細閱一下自己的履歷表，然後再對比一下兒女們的履歷表，我們必須認識到一個重點，就是他們正在一步一步地進步，然後開始慢慢地超越我們。青出於藍勝於藍，不正是我們作為家長的願望嗎？因此，我們也要接受孩子會開始懂得我們不懂的事物，然後以謙虛的態度向他們學習。

　　讓衡爸分享一段經歷：當年讀中學的時候，衡爸習慣一邊聽音樂一邊做功課，父母和班主任都曾經指出這個習慣不好，會分散衡爸做功課時的集中力。但衡爸當時頗堅持一邊聽音樂一邊做功課反而有助提升集中力，更和他們據理力爭。其後更找到不少相關的學術研究，指出聽音樂有助舒緩學習時引起的壓力，及有助提升集中力及記憶力等的發現，但這已經是好幾年後，衡爸在大學讀心理學的時候，這些理據完全無助衡爸當日與他們的爭論。

結果，當時的衡爸只能表面屈服，背後則在做功課時把耳機偷偷插在耳朵。幸好之後成績大躍進，成績名列前茅，於是父母便不再管束衡爸的讀書方法。因此，衡爸最終學習到的只是用結果（學業成績）來封着父母的嘴巴，但衡爸始終也沒有服從過父母的指示。

　　故此，現在衡爸鼓勵各位父母應多以理服人，在給予子女指示的時候，同時也把給予指示的原因告訴子女，若與子女就該指示上有意見分歧，則多作討論，多聆聽子女的意見，若子女的意見是錯的，就給他們好好上一課；若該意見是對的，則讓自己也好好上一課。

2.4 當兒女擁有個人的想法時……

　　第二個情況則會牽涉多一點個人情感，基於想法和價值觀不同，兒女可能會拒絕接受家長的指示，甚至會反抗家長。這情況在近年的香港便經常發生，特別是牽涉政治及個人價值觀等問題上，經常影響家庭的和諧相處。

　　小孩一天一天地成長，開始接觸這個世界，開始丟下玩具及電視裏的卡通片，開始參與建設這個社會。實質上是一件好事，大家不是十分害怕教出一個飯來張口只懂打機的港孩嗎？但當見到孩子跑出社區，去參與一些示威抗議時，心裏反更害怕了。

　　衡爸確信一點，無論兒女擁有的政治立場是否和自己的相同也好，家長最擔驚受怕的只會是子女的安危。但華人家長有一大缺點，就是永不和兒女說真心話，只想著在家裏與兒女開城市論壇，然後你有你主張，我有我想法，最後更吵至面紅耳赤，擺出準備讓雙方撤回大使般的態度。

　　有數個主題最容易引爆孩子反對父母的衝突，那就是政治、信仰、價值觀等的話題。那是否應該避開和子女討論這些話題呢？不！但最重要的是當討論這些想法時，首先要確保自己能

夠以理性及開放的態度，與子女耐心地溝通，並嘗試多舉例說明自己的想法，讓子女更加明白父母的心裏想法，這樣便能夠減低兒女產生反抗家長的情緒。只要能夠保持著融洽的親子關係，大家的內心說話必定能夠成功傳遞給對方的。

第三章

一說就懂，正向溝通技巧

3.1　家長與售貨員

　　某天下午在衡爸的公司裏，有一位穿著整齊西裝並結了領呔的理財顧問坐在我的面前，以專業的口吻向衡爸講解其公司的金融產品有甚麼優點。無可置疑，那位理財顧問的確來自一間大公司，產品的質素也不差。但從會面的第一分鐘開始，衡爸便想立即請他離開。從事銷售行業的資深人士應該都深明，衣著裝扮能夠提升自己的專業形象，專業的知識和口吻更能增加別人對自己的信心，但缺乏了親和感的話，以上一切也是枉然。

　　究竟發生了甚麼事，令衡爸如此抗拒他呢？第一，笑容欠奉；第二，他一坐下便立即專家上身的一副高高在上的姿態；第三，在他的口中，一直只有自己的道理是對的，因此，在頭三分鐘已經令衡爸對他反感了。

　　給人留下了不好的印象後，又何以向對方銷售呢？

　　請各位記住以下這番說話。

　　銷售的目標從來都只有一個，就是吸引對方購買。就算產品的質量有多高水準也好，賣不出去的產品都只會變成廢物。

何解一本親子教育書籍忽然在大談銷售策略呢？

請大家放心，衡爸並沒有離題，只是衡爸相信各位父母必定都遇過不少被推銷的經驗，也必定拒絕過許多位銷售員。記得那些拒絕銷售員的經驗嗎？為甚麼你會拒絕他們呢？同時，你們又記得那些成功被推銷的經驗嗎？為甚麼你又會願意選擇購買呢？

那些經驗對家長來說都十分重要，因為家長本身就是一位銷售員，只不過你的銷售對象是你們的子女，而貨品就是你們想授予子女的價值觀和想法，交易貨幣則是子女們給你們的回應。

3.2 如何向子女們推銷？

「如何讓子女依從自己的意思作出行為上的回應呢？」這句就是「如何讓子女聽話？」的完整說法。把想法完整地寫出來會讓自己更明白心中的想法，畢竟，要做好銷售的話，第一個工作就是先要了解自己正在銷售甚麼東西。

最簡單直接讓子女聽話的方式是甚麼？

許多家長都會認同是「惡」。衡爸也認同，惡的確是讓子女聽話的最直接方式。所以，大家也在報章上一直見到，許多不良的健身中心、美容中心、健康產品傳銷中心等經常以一些不良銷售手法，如把客人困在房間內以惡形惡相的銷售員威迫對方購買產品的方法來作銷售。但這些不良銷售手法卻一直大行其道，這就證明，用「惡」來迫顧客就範是其中一種很有效的銷售方法。

但這種銷售方法亦有很大的限制和弱點，那就是對象必然是膽小和缺乏社會經驗的人，那些銷售員試試遇上像衡爸或佩媽這種狠角色，這些銷售員隨時反過來遇上更害怕的經歷。而且，這種銷售的方法是做不了持久的生意的，因為人的本能是會讓自己避開害怕的事物。

簡單來說，為甚麼子女在青春期開始便不願意跟父母說話？許多家長以為這是因為他們進入了反叛期，但現實中，根本就沒有「反叛」這回事，那只是形容子女從事事依從父母，變成開始有自己的主見而已。小孩大了，開始有自己的主見後，當然不再受父母控制，若果父母經常用惡形惡相地對待自己的話，他們當然會選擇避開父母了。

所以，青春期的青少年抗拒與父母溝通的原因只是親子之間欠缺親和感，試問一下，你們會對一位常常罵自己的人產生親切的感覺嗎？

因此，若要提升親子之間的親和感，最簡單和直接的方式就是，請在親子相處時多露出來一臉笑容，因為許多家長自己也不知道，其實你們不笑的時候表情真的很惡，或許你會辯稱：「這是嚴肅的表情。」或「平時上班累得要死，回家當然沒表情了。」

是的！衡爸也同意和體諒，一個人累到極點真的會變得毫無表情。但衡爸也肯定另一個事實，就是衡爸試過多次因為面對表情嚴肅的售貨員，而放棄購買該產品或進入該店鋪。衡爸明白銷售員的人工不包賣笑的，但實情是當衡爸見到他們那嚴肅的神情時，莫說購物慾了，連行近一步開口跟他說話的勇氣也沒有呢！

所以，大家能夠發現，所有出色的銷售員都有一個共通點，就是能夠常常保持笑容。因為笑容能夠營造親和感，有助於接觸別人。試問有誰願意主動接觸一個令人望而生畏的人呢？

　　關於笑容能夠營造親和感一說，根據美國人類學家瑞伊·巴爾代懷斯特爾（Ray L. Birdwhistell）的著作'Kinesics and Communication'中指出，在溝通的時候，我們接收訊息的途徑一般只有 7% 是經語言，而 38% 是經由聲音，及 55% 是經由身體語言傳達的。所以，這解釋了為甚麼笑容作為身體語言在建立親和感中起了如此大的作用。

　　人的腦袋有左右之分，左腦負責處理邏輯，右腦則負責情感。在處理人際關係的時候，當然是動之以情為先，所以在建立人際關係的時候，首先運用右腦反而是最重要。所以說，儘管銷售員的人工不包括賣笑也好，家長的角色根本沒有人工，更要反過來貼笑買難受也好，你不笑的話，連接觸兒女也不能，就別提要說服他們聽話了。請謹記巴爾代懷斯特爾的教誨，好好掌控身體語言和聲音控制的話，你便已經獲得正向溝通的九十三分了！

3.3 學會潛意識的運作，溝通會變得好 Easy

　　為甚麼只要好好掌控身體語言和聲音控制便能夠掌握正向溝通的百分之九十三呢？因為我們平日生活中使用最多的是感性溝通，尤其是在工作或上課一整天後回到家裏的時候，大家終於能夠把載住一整天的面具除下，情緒便會開始失去控制了。當家裏所有人都同時不去控制理性溝通之時，負面情緒便會隨之而生。

　　首先，我們先一同了解一下，甚麼是感性溝通。人是天生的感情生物，存在於我們腦部的潛意識世界，就是經有感性思想驅動的。按傳奇心理學家佛洛伊德的研究指出，人的腦部世界可比喻為一座冰山，浮在水面的小部份是屬於理性的意識世界，而沉在水底的超大部份體積則屬於感性的潛意識世界。

　　因此潛意識有以下的幾項重要特點：

　　一、它是用天性及習慣來回應外來的訊息，所以若我們希望提升兒女對自己的親和感的話，不妨嘗試以他們慣常的習慣來與他們溝通；

二、它會不斷地尋求更好的方法去滿足個人的最佳利益。家長緊張兒女，其實兒女也緊張自己的。所以我們要相信兒女都會用自己的方法去善待自己，若發現兒女忽然變差了，那絕不是兒女要傷害自己。那必定是他們用錯方法而已，所以家長只需要向他們提供一個可用以取代的方法就可以了；

　　三、它只能夠對符號、圖像、比喻、音樂、故事等能運用及作出反應。對待年幼的子女或陷於情緒失控（正在鬧情緒）的子女時，應避免以大篇幅的道理來說服對方，因為當他們的腦袋正由潛意識操作時，屬於理性溝通的道理分析是無法進入他們的腦袋。對於小腦未完全發展成熟的兒童（小學階段），亦較難掌握理性分析，如能夠把道理經由故事說出來，他們便會更容易接收到該訊息；

　　四、它不懂得處理否定的字眼。這一次，衡爸和大家做一個測試吧！請你現在跟着指示，「不要去想一隻藍色的猴子！」「不要去想一隻藍色的猴子！」「不要去想一隻藍色的猴子！」「不要去想一隻藍色的猴子！」「不要去想一隻藍色的猴子！」「不要去想一隻藍色的猴子！」

　　好！請問現在你的腦袋正想着甚麼？是一隻藍色的猴子嗎？

這正解釋了我們的腦袋不能處理否定字眼的原因，而這正好也解釋了為甚麼當父母力竭聲嘶地叫兒女：「不要這樣、不要那樣！」之後，兒女反而更不聽話了。

3.4 你聽見甚麼訊息？

　　其實在人與人之間相處中，情緒會互相影響的。許多時，未必是孩子在鬧情緒，而是父母首先在鬧情緒，繼而影響孩子的情緒。以下是一些經常聽到家長衝口而出的說話，大家不妨換一個角度，用小孩的角度來聽聽，你聽到了甚麼訊息？

1. 「你成日都係咁！一做功課就咁嘅樣！你咁樣成日都唔做功課，遲早做乞兒㗎喇！」

2. 「我叫你唔好搞啲玩具呀！你要我講幾多次先明啊？次次都要鬧先聽！我真係講到口都臭喇！」

3. 「我叫你專心食飯啊！係唔係要我熄電視啊！一望住個電視就呆晒型咁！連電視汁都撈埋，以後食電視啦，唔好食飯啊！」

4. 「快啲呀！快啲呀！成鬼日都靡靡摩摩，成個萬世摩王咁樣！嘥晒啲時間！」

5. 「你捨得熄機未呀？成日掛住打機！無出色呀你！做功課溫書又唔見你咁努力，淨係識得打機！」

以上罵兒女說話的確是萬年流行的罵兒女金句，由衡爸做小朋友被罵的時候起，到衡爸的兒子小卡索開始被媽媽罵，那些金句依然流行著。但是，其實衡爸在小時候被罵開始，已經開始想：「為甚麼罵人罵得多會口臭呢？」是甚麼原因呢？另外，「如何吃了部電視呢？」這條問題，衡爸在小時候問過媽媽一次，結果被打了一頓。後來，在兒子被媽媽罵相同的話時，衡爸再次提出相同的反駁，結果再被打一次。所以，衡爸現在再一次在這裏反問一次：「我們怎樣吃了部電視呢？」

　　把那些萬年金句寫出來的話，其實連自己看著也覺得好笑，因為那些字句的內容是如此不合邏輯，也毫無常理可言。但家長卻時常把這些說話掛在口邊，請問各位，兒女在聽到這些說話時，他們會聽到甚麼呢？

　　所以，請各位家長記着一個重點：「那些萬年金句都是廢話！當我們發脾氣的時候都在講廢話！」

　　這大家狠狠地說十次，把這句說話謹記在心中！

　　第一次：「那些萬年金句都是廢話！當我們發脾氣的時候都在講廢話！」

　　第二次：「那些萬年金句都是廢話！當我們發脾氣的時候都在講廢話！」

第三次：「那些萬年金句都是廢話！當我們發脾氣的時候都在講廢話！」

　　第四次：「那些萬年金句都是廢話！當我們發脾氣的時候都在講廢話！」

　　第五次：「那些萬年金句都是廢話！當我們發脾氣的時候都在講廢話！」

　　第六次：「那些萬年金句都是廢話！當我們發脾氣的時候都在講廢話！」

　　第七次：「那些萬年金句都是廢話！當我們發脾氣的時候都在講廢話！」

　　第八次：「那些萬年金句都是廢話！當我們發脾氣的時候都在講廢話！」

　　第九次：「那些萬年金句都是廢話！當我們發脾氣的時候都在講廢話！」

　　第十次：「那些萬年金句都是廢話！當我們發脾氣的時候都在講廢話！」

3.5　怎樣給予清晰的指示呢？

當大家閱讀了以上有關正向溝通的解說後，大家應該開始明白，我們必須給予清晰的指示，兒女才能夠聽明白我們的指示。

要給予清晰的指示，大家可以按照以下的要點：

1. 自己先明白將給予指示的內容；
2. 向孩子分享你希望他們能夠達成的目標；
3. 下達清楚的指示；
4. 確認孩子已經明白指示；
5. 耐心觀察孩子能否跟從指示；
6. 需要時，再向孩子重複指示；
7. 當孩子成功達成目標時，作出適當的讚賞及鼓勵。

以下又是一個給予錯誤指示的萬年罵句：

「死仔包，不要慢吞吞的，快點洗澡和做功課！再慢吞吞就聽食雲吞了！」

首先，「死仔包」是一個載有批評性的稱呼，小朋友聽在耳邊已經感到不好受了，那來親和感可言？然後「不要慢吞吞的」是一句否定詞語句，他越聽越慢都是你害的；第三句「再慢吞吞就聽食雲吞了！」讓衡爸明白為甚麼自小就慢吞吞了，因為衡爸真的非常喜歡吃雲吞！這是甚麼邏輯來的？

以下是一些給予清晰指示的例子：

面對初小的孩子時，因為他們年紀還很小，負責理性分析的小腦才開始成長，所以可用比較直接的指示，例如：

1. 請你舉起你隻右手。
2. 請你用右手拿起鉛筆。
3. 請你用這枝筆寫下這個字。
4. 看來你能夠成功完成！我很欣賞你的表現，請你按照相同的方法完成其他部份。

面對高小的孩子，則可以把說話加入更多的指示及描述行為和目標之間的因果關係。

1. 給予明確的目標：「孩子，我們有一個新目標，為了趕及八時一起收看你最喜歡的電視節目，你必須趕及在七時三十分前洗完澡及完成所有功課及晚餐。」

　　2. 為最終目標分別設下數個中途目標：「現在是下午五時三十分，你必須在五時五十分前洗完澡，然後開始做功課。目標是七時完成所有功課，然後吃晚餐，這樣我們便能夠趕及電視節目播放的時間了。你贊成這個計劃嗎？」

　　3. 讓孩子複述一次目標內容，以確定孩子清楚明白目標的內容：「好！如果你明白指示的話，請你重複說一次我們的目標內容。」

　　4. 鼓勵孩子努力達成目標：「非常好！看來你都明白指示了，我們一起加油達成目標吧！」

　　各位家長請謹記，指示必須清晰地被表達後，對方才能清楚地接受你的訊息，不然，雙方只會不斷地產生更大的誤會和衝突。

3.6 先跟子女建立關係，再說教！

佩媽說：

佩媽不止一次聽到小魔怪的同學稱讚佩媽，當然不是讚佩媽美麗，而是同學們也很羨慕小魔怪有這樣的媽媽！是怎樣？你自問能放下自尊，虛心學習嗎？你自問自己可以當孩子是自己其中一個朋友嗎？

佩媽為了多了解大公子，從來不打機的我，也下載手機遊戲學習，目的是為了與大公子多一點共同話題，而且更容易融入他的世界，佩媽更試過為了了解大公子跟誰人連線打機，和大公子的朋友一起打槍戰遊戲；為了多了解二小姐，佩媽去看YouTube、學韓文歌、玩 IG、玩 Snapchat……你會跟孩子一起在家學韓星跳舞嗎？目的也是為了更了解他們，努力營造彼此之間的親和力。

對於大公子和二小姐做了不正確的事，佩媽早在小學三、四年級時便以說笑的方式來教導他們，就是用衡爸所說以他們慣常的習慣來與他們溝通，並且加入後果作為答案！甚麼是習慣的方式？孩子日漸長大，他們的說話亦開始變得有點「串」，

佩媽常常會以反話來說教，這樣不但能間接傳達到訊息，而又不失感情！當然這方法是向年紀較大的孩子來使用。例如孩子昨晚很夜瞓，我從來不會說：「唔准咁夜瞓！」因為講都無用！佩媽的說法是：「尋晚好早瞓喎！」孩子的回應通常也是：「梗係啦！」我便會接上：「夜睡晏起身體好！」小朋友其實是聽得明你潛在背後的意義，之後我便提出一個「進步少少」的方法給孩子參考，孩子便會乖乖聽話。

對著年幼的三公主，我也多用搞笑的說話來說教，但就比較直接，例如三公主食飯時滿地飯餸，我會跟她說：「你請個地下食飯？個地下又食唔到，你又食少咗！」又例如晚上三公主去完最後一轉洗手間，通常也詐詐諦諦跑出洗手間不刷牙，佩媽就會看著她，搞笑的拿著牙擦奸笑，然後說：「隻牙刷等緊你！」她便會笑笑口乖乖地合作。

當然佩媽在日常生活中，常借別人的故事去說教，令孩子明白有些事不能做。另外，當然如果是十分嚴重的問題，我會以十分認真的說話告訴孩子！因為平常搞笑，突然認真，孩子是會感受到事情有多重要！例如大公子拍拖，我十分認真的告訴他，千萬不能在對方十六歲前發生關係，我相信大公子完全收到的！

第四章

「聽」懂
子女的「情緒」

4.1 如何深入地了解一個人？

衡爸說：

　　相信許多家長都會很討厭小孩駁嘴，原因是甚麼呢？

　　因為大家覺得小孩不懂事？因為覺得自己的尊嚴受損？還是覺得聽孩子說話很浪費時間呢？前面的章節都有提及到，溝通的重點絕對不是內容，而是雙方的親和感。衡爸年少時是一個感情生活比較豐富的人，也因為衡爸是讀心理學的，所以也習慣以心理學的方法來分析及反思自己或別人的感情生活和經驗。接著，衡爸便發現了一個重要的觀察結果，通常一對男女準備進入情侶關係之前，他們都會經過一段曖昧時期。而在曖昧期間，他們最常做的事甚麼呢？就是煲電話粥了。

　　衡爸當年真的試過，和進入曖昧期的對象連續通電話兩天直至見面。那兩天，我們基本上是隔着電話一起生活，因為我們當時做的所有事情都是同步的，我們一起吃飯、一起洗澡、一起溫習、一起睡覺。我們一直聽着對方的聲音，說很無聊的話題，也會忽然沉靜一段時間，但總之只要在對方說話的時候，我們都會專心地聆聽對方說的話。所以，雙方越來越了解彼此，

也很享受二人間的相處，然後我們的親和感便立即上升至變成親密的情人關係了。

關於人際關係這一課，衡爸曾經和教授討論過「如何深入地了解一個人？」這個問題，當時教授曾反問過我一條問題。

教授問：「你知道我最喜歡吃甚麼食物嗎？」

我答：「不知道。」

教授又問：「那你知道你的女朋友最喜歡吃甚麼食物嗎？」

我答：「青瓜卷。」

教授再問：「為甚麼你能這麼肯定地回答我呢？」

我說：「她喜歡吃日本壽司，每次我們一起去吃壽司的時候，她都一定要點青瓜卷。」

教授說：「因為你曾花了一段頗長的時間觀察你的女朋友，所以你便很了解她了。」

因此，各位家長們，當大家在擔心或抱怨自己不了解兒女的想法時，大家又花了多少時間去用心了解他們的想法呢？

那麼我們應該如何了解他們的想法呢？那就先從他們的情緒反應開始認識吧！當你熟悉了他們的情緒反應習慣後，當兒女的情緒出現時，家長便能迅速回應他們的感受和想法了。

4.2　為甚麼家長需要注意子女的情緒？

在這個時候，衡爸不得不把大家帶去討論一個非常沉重的話題。這幾年，大家從報章上見過許多則學童自殺的新聞報道，請問有哪一宗學童成功自殺的個案裏，死者的家人在死者自殺前，便已經發現死者有可能會自殺呢？

相信都沒有吧！要是有的話，作為爸媽的話，肯定已經把他送到醫院去了，他還有機會自殺嗎？衡爸曾經遇過一宗個案，案主是一位十多歲的高中生，他的母親只不過在廚房發現他拿著刀子在喃喃自語，說很想死。二十分鐘後，這位高中生已經被送到醫院接受觀察了。

所以，筆者敢肯定，大多數的自殺案件發生後，家人在接到通知的時候，相信他們的反應多數是感到非常愕然，然後心裏一直問：「為甚麼他會自殺呢？」

相信大家都會認同一點，自殺絕不會是一項即興的玩意。一個人走到決定尋死的一步，就算沒有經過深思熟慮，想必他也承受了一堆積累到讓自己無法負荷的壓力後，才會選擇這條不歸路吧。

　　尤其是，許多死者在自殺前也花了一些時間來準備遺書。因此，就算大家未接受過專業訓練也好，單按常理而言，也肯定能夠察覺到自殺者在死前的生活習慣出現異常突變等。而且，那些突變是非常易於察覺的，例如：食慾忽然暴增或暴減、忽然對平常感興趣的事物完全失去興趣、及好像在說遺言般的在交代身後事等。

　　因此，衡爸必須這樣說，若作為父母的你能夠對兒女常常保持敏銳的觀察力，能夠用心地記著他們的日常習慣，及能夠不斷地注意著他們的情緒有沒有異常的變化。作為家長的你，或許可能有天能夠把兒女從死亡的幽谷中扯回來。

4.3　甚麼是情緒？

劉姑娘說：

　　情緒是人與生俱來最自然不過的反應，而情緒有助我們面對危險時作出防禦，如當身處陌生的地方，感覺不安全，自然地便會思考方法逃離現場，情緒可為人趨吉避凶，讓人提高警覺。而人的基本情緒主要有四種，它們分別是喜、怒、哀、懼。

	身體反應	原因
喜	面帶笑容	考試成績名列前茅
怒	面紅耳熱、心跳加速、咬牙切齒	被朋友背叛
哀	飲泣、垂頭喪氣	面對親人生病
懼	面青青、心跳加速	成績一落千丈

　　情緒本身沒有分好與壞，只有行為才有好壞之分。但許多時，人們會慣常將情緒定型。當中最經典的說法就是「男兒流血不流淚」，結果導致男性的自殺成功率幾乎是百分百命中的。

「男兒流血不流淚」這句關於情緒的錯誤說法，害苦了一班男孩子習慣把情緒壓抑下來。許多男性都擔心因流淚而被嘲笑為弱者，結果導致許多男士無處將情緒發洩出來，最終選擇用破壞性的方法來發洩情緒。劉姑娘便曾親眼看到一位男生一手打破玻璃櫃；而衡爸以前做外展服務時，也見過有一位男士因壓抑情緒太久，而差點錯手打傷自己的太太呢！然而，大家都深知，這些發洩情緒的行為不但絕對不能解決問題，更會為當事人帶來更嚴重的問題。

　　以下是家長輔導子女情緒的具體步驟：

1. 家長要先認識子女的情緒

　　大家必須明白，子女不會直接將他們的情緒直接告訴你，甚至他們也未必清楚了解自己的情緒狀態。所以，我們必須從他們的表情、聲音和行為裏觀察他們的情緒狀態。

　　大家可以嘗試從下面的例子裏找出子女的情緒。

a. 孩子（大聲地）：「你偏心，點解我份禮物細過細佬份咁多？」
b. 孩子（低著頭）：「都是我不好，爸媽才因為我而吵架！」
c. 孩子（洋洋得意）：「老師今日選了我做班長！」
d. 孩子（皺眉頭）：「今日又落雨了！又無得去公園玩喇！」

e.孩子（拍手掌）：「下星期可以去海洋公園！」

f. 孩子(手叉腰)：「又話我乖就可以俾我打機打到幾點都得，宜家又要我收野。無口齒！」

答案：

a. 憤怒　b. 傷心　c. 快樂　d. 失望　e. 興奮　f. 不滿

要準確地回應子女的情緒反應，首先我們要確認他們的情緒。除了透過觀察來發現他們的情緒之外，我們還能夠直接詢問子女來作出確認，例如可以這樣提問：「從你看來好像正感到很失望，是否有問題在困擾你嗎？」

作為家長，當面對兒女出現不同的情緒反應時，切記不要加以否定或感到不知所措。我們要先聽懂兒女的情緒，再作出合適的回應。

2. 引導兒女表達當時情緒狀態

因年紀小，兒女往往未能清楚地表達自己的感受，此時家長可以運用以下方法讓他們表達感受，如現在你的心情如何、我看到你雙眼通紅，有甚麼事情令你傷心等。另外，面對一些年幼的兒女不懂表達可以運用「情緒卡」，讓他們指出或圈出

當下的情緒。而劉姑娘通常會使用「情緒卡」與初小學生進行輔導，效果相當之顯著，因為對兒童來說，豐富的顏色及圖案，讓他們容易回憶及理解，明瞭自己的情緒狀態。

3. 刻度問句（Scaling Questions）了解情緒對兒女的影響

即使是大人也未必能夠清楚表達個人的情緒狀況，更何況是小朋友呢！所以，我們以簡單的數字作為評估兒女現時的情緒狀況，判斷事件的嚴重程度，如：「從 1 分至 10 分，1 分是最輕微，10 分是最嚴重，你會給予傷心多少分數。」

4. 積極聆聽（Active Listening）

了解發生了甚麼「事件」影響兒女，他們有機會表達不清晰，或對事件有所隱瞞，所以家長勿過於迫切了解事情，而連續不斷地詢問原因，這樣會令兒女更感到煩躁不安，此時我們可以提供一個開放及積極聆聽的態度讓他們感到被接納，如微微傾前，眼神柔和地注視對方、耐心等待他們的表達，特別聆聽兒女所出現過的情緒字句。在安全的環境下兒女漸漸表達更多，而面對年幼的兒女可以透過繪畫及布偶表達「事件」，將難以言喻的說話透過一些工具表達出來。

5. 反映感受 （Reflection of Feelings）

　　如看到兒女的圖畫出現小朋友爭吵及正在哭泣，家長可反映圖中的事實和感受。如今日是否與同學發生爭執，相信你一定很傷心了。若當他們感到被明白，均會起到一定安慰的作用，使情緒得以穩定。

4.4　快速讀懂孩子的隱藏密碼

　　兒童在言語上仍在發展階段，遇到挫折時未能清晰表達自己感受，令到家長不懂得如何處理，那麼如何快速讀懂孩子的隱藏密碼及回應方法？

　　詳情如下：

1. 身體語言

　　多觀察孩子的面部表情，身體動作，例如：（開心）眼睛微微彎曲、（傷心）嘴角微微向下、（憤怒）咬牙切齒、（驚慌）面色蒼白、（不滿）皺眉、（尷尬或憤怒）面紅耳熱、（震驚）眼睛瞪大。例如：劉姑娘早前帶女兒去學習游泳，過程中大家都玩得十分雀躍，當女兒下課後便立刻將毛巾覆蓋著她，之後一邊和教練傾談女兒進度一邊行到更衣室，過程中劉姑娘亦有觀察女兒，正當差不多去到更衣室，發現女兒默不作聲，嘴巴呈紫，此時我便知道她有可能過冷，我便立即抱緊她再帶到浴室沖熱水涼。這個故事是想告知大家，年幼的子女當遇到問題真的是不會告知你的，哪怕就快暈倒。所以留意他們的一舉一動是相當重要。

2. 聲浪之高低

　　多留意孩子的聲線，當一個人興奮或憤怒時，聲線會較為高，而當人疲乏、無助、沮喪時，聲線會較低。例如：劉姑娘的女兒有時候上學途中會突然坐在地上，嘴角微微向下，並高聲哭著說要媽媽抱，但有時候又會很興奮上學，此時我便會思考一下問題出現的次數、出現問題之前通常會發生甚麼事情等，我很快便發現，若晚上她很夜才入睡，翌日心情便比較欠佳，當知道原因之後，每晚早睡，問題自然解決。

3. 找出問題所在，繼而運用合適的方法回應

a. 方法一：家長先要洞察自己情緒

　　許多時孩子的表達及組織能力未能讓家長明白他們的問題所在，令家長氣急敗壞，此時家長更加需要「心平氣和」，及耐心聆聽，切忌因急於解決問題，令心情煩躁，增加孩子的壓力，進一步影響他們的情緒。

b. 方法二：循循善誘，提供安全及被接納的環境

　　家長需要慢慢引導孩子，因為在安全舒適的環境下他們會表達更多訊息給你知道，家長自然更易理解事情。例如：劉姑娘的三歲女兒曾經將家中的牆畫花，而當婆婆高聲查問時，她緊張地表示是姨婆畫的，而劉姑娘則抱著「平和的聲線」詢問

究竟，當中沒有一點責備，只抱著一心想了解事情的想法，過了不久，她在安全及被接納的環境下，表示是她畫花，劉姑娘對她的「誠實」表示欣賞，並提醒她可以在哪裏繪畫，及不可以再畫牆了，事過半年我家的女兒再沒有塗鴉牆身。

c. 方法三：回應孩子的感受，使孩子感到「被明白」

建議家長多閱讀一些情緒詞彙，增進對情緒字句的認識，當孩子出現情緒，家長可以語帶溫柔地反映他們的「感受」，以劉姑娘的女兒為例，她十分之愛錫婆婆，每晚都會想念婆婆，所以當她表示很想念婆婆，劉姑娘第一時間先回應她的感受，例如：「知道妳很掛念婆婆，我都很掛念」等，而並不是否定她的感受，例如：「婆婆睡著了」、「我們已回家了明天再找」等。而當家長「說中」孩子的感受時，孩子通常都會感到「被明白」，激烈或不開心的情緒通常會漸漸平復。

d. 方法四：給予時間整理情緒

待他們情緒慢慢平復之後，再詢問發生甚麼事情，這好處是「給予時間」孩子整理情緒，保持清晰頭腦思考事情。另外補充一點就是家長勿過於「長篇大論」詢問原因，因為孩子許多時都未能同一時間接收大量訊息，相反簡而精的說話通常來得容易吸收。劉姑娘曾處理過一位情緒波動的孩子，當時他的情緒十分高漲，呼吸急速、面紅耳熱，此時我向他表示看到他的憤怒，並主動提出協助，當他感到有人主動替他主持公道，

高漲的情緒慢慢平復，此時便要適當反映他的努力付出，當他能自控，便娓娓道出事情。

4.5 別把兒女的聲音和駁嘴之間畫上等號

佩媽說：

　　童年時的佩媽是一個乖巧的孩子，因為家父十分嚴厲，莫講話駁嘴，想發表自己意見也不敢，佩媽當然也曾嘗試過，結果當然被掌嘴，所以從小佩媽便很聽話！但就形成長大後的佩媽不會輕易表露自己的想法，就算自己不喜歡也會逆來順受，除非對方是佩媽十分信任的人，否則是不會知道佩媽心中真正所想。

　　因此佩媽絕對不會採取同樣的態度對待小魔怪！雖則說不太介意孩子駁嘴，但所謂駁嘴是要有禮貌和有理據的！二小姐一向比較牙尖嘴利，自小已不停咀的說出她的想法，如果是有道理的，也會跟二小姐意思去做，然而二小姐有時為求達到目的，會口出一大堆歪理，幸好佩媽和小魔怪爸爸也能言善辯，最後二小姐當然鬥不過我們啦！不過我有鼓勵二小姐去學習辯論，學習表達技巧之餘亦學習有論點去支持自己意見。

根據佩媽經驗，高峰駁嘴時間是在青春期，即高小至初中階段，情況真是一言九鼎，有時真的會好嬲，做家長少一點 EQ 也會令事情變得很糟糕，但如果能成功捱過他們的青春歲月，感情一定更棒的！就好像最近二小姐的房間極混亂，佩媽請她把房間收拾好，她的回應不是指出哥哥的房間也很混亂，就是話佩媽的房間也很多雜物勁混亂！為求掩飾不停駁斥佩媽，雖然佩媽覺得她說得有道理，因為她說的也是事實，那刻被二小姐直斥，心裏很不好受！但二小姐確實也要檢討自己的房間整齊問題，佩媽不會和她爭辯，這是沒有意思的！

　　最後，佩媽採取競技方法，就是佩媽、大公子及二小姐鬧快把各自房間收拾好，最慢完成的要負責洗廁所，比賽還未開始，二小姐已急不及待的去執房（其實廁所一向也是佩媽洗），這樣不但沒有傷害兩母女之間的感情，也令大家的房間變得整整齊齊。

4.6 家庭裡抱緊言論自由

衡爸說：

香港的一項核心價值是言論自由，沒錯，人應該擁有表達個人意見的自由，而且不應該因其想法有不同，而招致打壓。但其實要維持言論自由，的確不是一件容易的事，因為要維持言論自由的話，當權者必須擁有接受不同意見的胸襟。作為香港人，大家當然會同聲高呼：當權者必須能夠接受不同意見！但是，難道各位讀者以為衡爸想在這本親子書裏，宣揚民主自由嗎？

衡爸正在和大家討論的民主自由問題，正是發生在大家家裏的小社會呢。家庭是一個規模比較小的社會，父母就是這個社會的當權者了。敢問一聲，你的家裏存在言論自由嗎？事實是，在今天的香港裏，仍有許多父母把子女主動提出意見視為駁嘴，而「駁嘴」這說法便早已被視為抹煞了子女的言論自由的一大武器了。當然會有家長反駁，若子女正站在馬路上發脾氣，難道我要在馬路上尊重他的言論自由，然後和他一起佔領馬路嗎？

別把話說得太極端，家長當然擁有教導子女的權力，在馬路上強行把他們移開正是為了保護他們的一個想法。但之後，我們又有沒有細心去聽聽他們想說的話呢？雙方都有言論自由，但要展開對談的話，其中一方便應該先停下來聆聽，不然，大家都在說，說出來的話，根本就沒有人在聽。

　　請謹記，如果大家是真心想去關心兒女的話，請鼓勵他們發言，讓他們把心裏最真實的心聲說出來。或許，當中有些出自子女口中的說話內容，對父母來說，有點難聽。但是，請各位爸爸媽媽仍舊要細心聆聽，好好珍惜每次兒女向你發言的時刻，因為那些說話代表了他們的成長和進步。家長更要細心觀察，那些說話的聲調及嘴臉的細微變化，當中有否暗示甚麼訊息呢？

　　請各位好好珍惜這些聲音，畢竟，這幾年間真的發生了許多次學童自殺死亡的事件，而那些死者的父母已經從此錯過聆聽兒女發出聲音的機會了。

第五章

如何協助孩子以
正向的方式表達情緒？

5.1　人和機械的分別

衡爸說：

　　人和機械的最大分別是人有情緒，所以機械的執行能力比人類要強得多。因此，近年有不少社會學家及人類學家都預言，在不久的將來，許多由人類執行的工作都會被人工智能取代。基本上，大家能夠在許多超級市場或快餐店見到自取結帳機和點餐機了，所以人工智能的確是我們子女的大敵。

　　的確，人類的情緒是生產力的一大缺點，但是情感卻是人類不可能缺乏的營養素。沒有情感，人與人之間便不能共同生活，彼此結合，亦會失去生存的動力。因此，許多學者都紛紛認同，情緒控制是所有兒童及青少年的必修課，因為情緒就像水一樣，能輕舟也能覆舟。基本上，絕大部分的青少年犯罪行為，都與其本質無關，而是他們控制不了自己的情緒，而衝動犯事。

　　關於抗逆力，衡爸有一句生命格言：「跌倒不重要，最重要是起身的速度夠快！」衡爸自小便在逆境路上遊走，故深明

如何在不幸的事情發生時，減低其傷害力，或因反應太慢而引起第二或第三波逆境，使問題的傷害擴大。

　　故此，各位家長務必多花心思教導子女以正向的方式來表達情緒。

5.2 協助子女面對逆境

佩媽說：

　　佩媽有一班認識了多年媽媽谷朋友，我們認識於孩子剛剛出生之時，我們一起去分享快樂、講湊仔經、交流心得、互相支持和鼓勵！可是，去年接獲其中一個媽媽傳來的噩耗，就是她的丈夫身患重病，她除了要獨自照顧年老的失智症家婆之外，亦要常常頻撲出入醫院探望丈夫，令她身心十分疲累。

　　但最令她擔憂的，卻是面對不了父親患病的兒子，這個孩子一向也喜歡把心事藏於心底。任何人要面對快要失去至親，也會顯得不知所措，更何況是一個只有十多歲的小男孩？他不知道該如何面對這殘酷的事實，最終卻選擇了逃避，開始逃學的日子！作為他的媽媽當然快要崩潰，但卻又明白兒子的行為是反映了他內心的無助，所以這位媽媽真的不知如何是好。我們媽媽谷內的好友，亦只能陪伴同行，因為大家也沒有此經驗，雖說生老病死是人生必經階段，但若不是「殺到埋身」，又有誰會理解？

幸好這孩子最後經過多次學校老師、社工協助之後，終於重回校園生活，而且比以前更勤力、更用功！雖然他的父親在年初時已返回天家，但看見這孩子的確因此成熟了不少，陪伴媽媽每天好好的生活！這相信也是在遠方的爸爸希望見到的。

衡爸說：

生老病死是我們最不能掌控的事情，我們能夠從佩媽分享的事例中看見，何謂由第一逆境引致的第二和第三逆境。在這事例中，主角的丈夫身患重病便是第一逆境，面對孩子感到不知所措便是第二逆境了，接下來面對兒子因為情緒原因而開始不上學便是第三逆境了。

衡爸曾經接觸過類似的個案，當中的主人翁便沒有這麼幸運了。因為案主和家人之間缺乏溝通，他們也遇不到主動關心他們的朋友或專業人士。結果，當這個個案被轉介到衡爸手上的時候，案主的兒子已經有兩年沒有上學了，更出現嚴重的隱蔽傾向及社交恐懼症。

故此，當遇到困難時，家長應該立即以正向的方式協助自己和兒女作出反應。若自己因各種因素而無力解決問題，能主動向身邊的親人朋友或專業人士求助，也是一個非常有效的解決方法。

5.3 怎樣教導子女說「對不起」?

佩媽說：

　　「對不起」這三個字對於某一些人來說，真的很難開口，特別是大男人。但佩媽覺得事情往往就是欠了一句對不起，便會變得更糟糕！「對不起」這三個字真的很難說出口嗎？佩媽時常也把「對不起」這三個字掛在口邊，所謂「聖人都有錯！」（何況佩媽不是一個聖人）「錯就要認，打就要企定！」認一句錯使死咩？所以佩媽也會勇於向孩子道歉，大家不是想孩子做錯事，也要勇於承認錯誤嗎？

　　佩媽記得在童年時，佩媽的哥哥十分百厭，時常也會闖禍！很多時侯，哥哥闖禍後被家父當場被捕時，便因他沒有承認錯誤，而最終連累佩媽也要一同受罰。現在大公子和二小姐也是時常犯錯後都各執一詞，但佩媽因為在「案發期間」不在現場，根本就無法判斷誰對誰錯。在這個情況下，面對沒有人肯承認錯誤下，佩媽亦只可以跟隨家父的方法，把兩個一起處罰了。佩媽知道這樣不對，因為小時候我也有經歷過，但也沒有辦法！幸好我兩個小魔怪也明白，只要肯認錯便會獲得原諒（衡爸按：

我的教育方針是，如果道歉就能了事，何須軍隊存在！哈哈哈！）。所以當事情告一段落後，最終也會向佩媽自首認錯！

早前，小魔怪爸爸跟二小姐因態度問題而陷於冷戰。二人均指責對方語氣不好，所以各不讓步。佩媽又因不在「案發現場」，所以未能公平地評論誰是誰非，所以只好擔任調解員的角色，分別向二人了解事情經過。佩媽看見父女也為此事而感到十分不開心，但又不肯向對方認錯。特別是處於青春期的二小姐，必須要令她心悅誠服地認錯，勉強道歉是沒有意思的！

之後，佩媽知道假期過後，將會是一個好時機，因為二小姐需要小魔怪爸爸接送上學，二小姐苦苦哀求改由佩媽負責接送。但佩媽當然借機要二小姐想想爸爸是多麼的愛她，為何為了這麼小事，而面臨父女情破裂？我要她回想當天是否有不對的地方，並且要她自己親自向爸爸道歉！佩媽說完便離開房間讓二小姐冷靜思考一下。不消五分鐘，二小姐決定破冰，走出客廳親自向小魔怪爸爸道歉，終於二人和好如初了！

至於認錯時的說話，佩媽就最不喜歡小魔怪在認錯時說：「對唔住囉！」對唔住就對唔住，為甚麼要加個「囉」字？可知道加了這個字，完全不是誠心的認錯，很明顯是敷衍的道歉！我會這樣回應：「你只同我個籮道歉，無同我道歉！」哈哈！小魔怪通常都會馬上修正的。

衡爸說：

衡爸一直教導小卡索，如果每每在犯錯後，一句道歉便就能了事的話，世界何須軍隊存在！所以衡爸要求小卡索要學懂避免犯錯。

但是，衡爸同時也要兒子明白，無論他因為甚麼原因而犯下了錯，也因此而傷害了別人的話，誠心道歉是必要的，儘管對方未必會原諒他。同時，他也要明白道歉不單單是用口說過就成，還須在行為上盡全力去嘗試補救，以及要作出反省及改正。

5.4 協助孩子以正向的方式表達情緒的解決方案

劉姑娘說：

1. 穩定自己情緒，留意情緒是否已被對方感染

　　許多時我們遇到親人病重都會顯得無助及難以接受，在一時未能消化感受情況下，做出一些以往未曾做過的行為，例如：翹學。此時作為家長定必心急如焚，但須知道「心急如焚」不但不會令事情變好，反而孩子承載著家長的情緒顯得更加焦慮，將事情進一步嚴重化，所以穩定自己情緒是相當重要的。劉姑娘建議家長多留意自己的身體狀況，情緒變化、思考模式及行為等，是否與孩子互相感染，畢竟家長自己的思考模式所引致的情緒反應都會影響身邊的每一個人。

　　家長可以透過「五常法」察覺自己負面情緒，預防跌入思想陷阱：

　　第一法：留意身體警告訊號，當我們受壓時，身體上自然出現一連串反應，如頸梗痛、肌肉繃緊、失眠、頭痛、驚恐、

食慾不振等。而這些警號為人起了提醒作用，多留意自己思想是否已跌入思想陷阱。

　　第二法：喚停負面思想，當出現負面情緒時，終斷這些思緒湧現，積極運用正面方法想事情，如：分析現時情況的轉機。

　　第三法：常自我反問若繼續負面思考，不但於事無補，只會越想越負面。

　　第四法：常分散注意力如外出走走、找人傾訴、購物、聽音樂、電視、做運動。

　　第五法：常備有聰明金句，當遇到困難時，便想一想最能代表自己心聲的金句，如：「關關難過關關過」。

思想陷阱類型

思想陷阱	內容
非黑即白	事情只有一個絕對結果，面對事情只有對或錯
攬晒上身	都是我的錯
貶低成功經驗	這次成功都是人們的協助，自己只是僥倖
大難臨頭	把事情災難化
打沉自己	時常負面說話
妄下判斷	想事情偏向負面

左思右想	猶豫不決
感情用事	忽略事情客觀性
怨天尤人	都是別人的錯、天氣的錯，自己沒有錯

資料來源及參考：（抑鬱症認知治療小組 - 作業本）

2. 提供被接納的環境，讓壓抑的情緒得以釋放（同理心 VS 同情心）

　　同理心將「關係」連結，讓他感到「被接納」，不需扮作堅強、不用擔心被否定及責罵，坦誠說出自己內心真正的感受。那麼同理心是甚麼？同理心就是設身處地去思考對方正面對著的感受，接納對方的感受和觀點，而不是當別人很傷心時候說「關關難過關關過」、「希望在明天」等勵志金句。因為他們會覺得自己的感受被人否定，自己是否不夠堅強所引起等。相反我們更應在對方感到孤單無助的時候，陪伴在則，感受對方的感受，達致心靈上的結連，讓對方感到無論自己出現甚麼情緒，都依然陪伴及接納著他，讓情緒真正地流露。

　　同情心通常出自於可憐別人，而通常這些憐憫會令對方感到尷尬或抗拒，劉姑娘多年前曾看到一位露宿者躺在天橋下，感覺他的身體好像很冰冷，便購買了一張小棉被給他，但他卻善意拒絕。所以同情心不能令人向你盡訴心中情，反而會令關係中斷。

3. 回應感受，使孩子感到被明白

　　當孩子表達自己對爸爸的病感到難過，家長可表示「爸爸和你的關係一向都很好，現在他病了，你一定很難過」，讓孩子感到被明白，自然地打開緊鎖了的心房。

4. 協助他們延續對生命的盼望

　　家長可運用自己過去的經歷作「自我披露」，例如：說出以往同類事件的處理方法。讓孩子感到自己並不是「孤單一人」，漸漸積極尋求方法面對事情。但作自我披露時，切忌長篇大論，相反我們更需要積極聆聽。

5. 善用強項，走出黑暗

　　劉姑娘經常會運用孩子的強項，讓他們走出黑暗，例如：知道孩子善於繪畫，便邀請孩子為病患的家人製作心意卡，並在卡紙上寫上祝福語句，實行將負面情緒轉化為正面，以積極正面的行為為家人出一分力，好讓日後不帶有遺憾，並讓孩子明白到自己積極的態度就是家人最大的動力泉源。

　　看完以上內容，不如我們嘗試了解自己吸收了多少知識，以下是當孩子感到哀傷時，工作員和孩子的對話模式，你會如何選擇呢？

故事情景：

今日小麗放學回家，垂頭喪氣地坐在梳化上並表示考試得
50 分，作為家長的你們會如何處理？

A. 我一早叫你溫習架啦！
B. 無事嘅，今次失手下次再黎過！
C. 你今次考試攞到 50 分，你一定好唔滿意。

如果你們選擇 C，恭喜你們了，因為孩子將會說出更多內
心感受，因為你能感受到他當時不開心的情緒，接納他的不開
心。

5.5　我要好好控制自己

衡爸說：

　　最後，衡爸想跟大家再分享一次鏡子理論，就是指各位爸爸媽媽都是小朋友們的鏡子，就算你們不說，他們仍然會透過觀察父母的日常舉止來學習。衡爸曾經接觸過許多家長，並發現到許多家長們都有一個通病，就是會在遇到壓力時立即發脾氣。「但沒辦法，望著小孩做功課時不專心的模樣，時間已經是晚上十一時了，明早還要返學的。」有些家長回憶起晚上陪伴小孩做功課的情況，負面的情緒便立即再次浮現了。

　　「我必須好好控制自己！」請大家跟我說五次，然後把它記在腦海中，之後每日重複說四次，每四小時說一次！然後，衡爸敢保證大家的親子關係必定大勝從前。

　　請謹記，當一個人發脾氣的時候便等於該人失控了，控制不了自己的時候，你想做的事情永遠也不可能做得好。例如，為甚麼我們不能醉酒駕駛呢？因為醉酒的時候不能控制好自己的身體，駕駛的時候便危險了。同樣的道理，不能控制自己的話便不要駕駛，更不要趁這個時候去教仔。為甚麼發脾氣的時

候不適合教仔？因為你根本不能控制好自己的腦袋的話，句句衝口而出，不能清楚說教時，更會造成極差的壞榜樣。

有位家長跟衡爸分享：「女兒以前的成績一直很好，但最近退步了，我很緊張她的成績，所以便罵她，希望她努力一點。但是，我越罵她，她便越不聽話，還頂撞我，現在，我和女兒的關係也變差了，我應該如何修補關係呢？」

衡爸對她說：「妳已經把問題指出了。」其實由頭到尾最緊張的是那位媽媽。是媽媽去應考嗎？不是啊！因為過分地緊張，所以便失控了，因此發脾氣罵女兒。重點是，罵女兒能夠改變情況嗎？不行，但罵女兒讓關係變差了，然後雙方不能好好溝通的話，又怎樣教她呢？

請謹記一點，家長就是子女的教練。當子女面對功課和考試的時候，其實他們面對的壓力比家長還要大。偶有差錯是人之常情，教練的角色便是在這個時候給他們激勵和指導，當教練也失控的時候，子女又怎能好好控制自己呢？

所以請跟著衡爸開始讀：「我要好好控制自己。」

第六章

如何應對家庭裏的衝突？

6.1　家庭裡的三代共融

　　常說家和萬事興，但實情是「家家有本難念的經」。所以，許多父母在面對兒女的管教問題上，明明那就是只有一個問題，卻因為家庭裏不同角色的介入，而變成更多和更複雜的多邊問題了。

　　在這個章節裏，我們希望跟大家分享一些時常在家庭裏發生的衝突事例及解決方法。希望藉此能夠助大家建立一個舒適的家庭環境，讓子女可以在這個和諧的家庭氣氛內愉快成長。

　　現在請先一起看看佩媽的分享。

佩媽說：

　　從小，佩媽已經很渴望得到長輩的愛，主要原因是我自出娘胎已沒有爺爺、嫲嫲及公公，唯一的婆婆也在我四歲時離我而去，家母告訴我在我年幼時，我十分喜愛婆婆，因為她每次也會帶不同的零食給我這個貪吃的外孫女。

隨著現代的醫學進步，很多長者在七八十歲時身體仍十分壯健，簡直可以說是健步如飛。所以，今天的佩媽很羨慕家中的三個小寶貝，他們都擁有四位長輩愛錫，四位亦能常常陪伴孫兒周圍去，烹調美食予孫兒！佩媽很感恩有長輩為佩媽湊小孩，讓佩媽和小魔怪爸爸可以無後顧之憂的工作。

很多朋友也經常提醒我，把孩子交給長者湊，一定會寵壞家中的小孩成小霸王，但我卻認為就算寵也是出於一份愛，有何不對？當然那些追着餵飯及生病時仍給雪糕和汽水等行為我真的不太認同，但我們年輕一代又何嘗不是小孩想要甚麼，我們都會盡量去滿足小孩？當佩媽一把年紀生三公主時，便深深感受到及明白湊小孩是多麼的花氣力，有時自己也會貪方便，會遷就了小孩，所以亦難怪比自己年長二三十年的長者會長開電視、電腦，務求令活潑好動的孫兒安安全全的坐定定。

其實如果家有長輩幫忙湊小朋友是一件多麼幸福的事，但必須讓長者有充分的休息才能勝任這個重任，所以佩媽絕對不贊成小孩長居長輩家。作為母親的我一直以來，也很堅持放工後及假期由自己帶小孩，一來可以讓長輩們有休息時間，二來又可以親子。長者們湊孫是一件快樂的事，但他們必須量力而為，長輩們不要苦了自己去湊孫令自己增添不少壓力，要他們知道有困難絕對是可以拒絕及提出要求！讓子女知道長輩們的憂慮及意見！

但當然作為父母如果發現兩代之間在湊小孩上意見有分歧時，亦要坦誠向長輩提出，共同尋找共識。家長們一天辛勞工作後，回到家又要照顧小孩的確是不容易，特別是要照顧在學的小孩，父母更要勞心勞力在晚上盡快協助完成是日功課。其實簡單的故事及教導簡單的功課，長者們都一定可以勝任，除了可以減輕父母在管教學業時的壓力，亦可以透過故事令祖父母與孫仔孫女拉近距離，孩子亦可以從不同的故事中學做人及培養看書的習慣！佩媽就最喜歡把親子手工交給爺爺與三公主合力製作。

要做到三代共融，必須互相尊重及溝通，因為很多誤解就是沒有好好溝通所引起的，多鼓勵家中長者們主動一點，學習新知識去融入兩代以至三代的世界！

衡爸說：

就如我和佩媽的舊作《P牌爸媽的心靈豬骨湯之管教子女 Easy Job》裏面的 2.7 章節所說：育兒有 team work，大家都會輕鬆得多。所以是人多好辦事，還是人多衝突多？那就看看大家怎樣處理大家的意見了！

6.2 夫妻爭執的時候

佩媽繼續說：

佩媽印象中有一次與小魔怪爸爸吵架，情況十分嚴重！為了甚麼事件去吵？佩媽已忘記了，只是記起當時大公子和二小姐仍很小，那次我真的很嬲，我知道再吵下去也沒有用，於是佩媽便選擇離家讓自己冷靜一下！佩媽一邊哭一邊走，走不到街口，電話便響起，是大公子打來哭著說：「媽咪，你不要離家出走呀！」我知道我這一次嚇壞了小魔怪！所以急急腳的回家安撫他們！

其實在未有小魔怪之前，佩媽兩公婆很少吵架，自從孩子出生後，往往也是為了孩子而吵，雖然次數不多，但傷害性都頗大，特別是對小魔怪的影響，佩媽知道每次吵架他們其實也很害怕！幸好有三公主這個開心果的來臨，我們一家起了不少變化，無可否認吵架明顯少了，因為實在沒有多餘時間吵，現在比較多是採用冷戰的方式，起碼對於小魔怪影響會減少一點。

佩媽的家庭較其他一般家庭特別之處，是我們擁有一個和事佬！那就是大公子，佩媽有時跟小魔怪爸爸各不相讓吵架時，大公子正好給予一道台階予佩媽及小魔怪爸爸，不要少看這個小角色，很多時打圓場是靠大公子出手！大公子，好嘢！

6.3 如何處理夫妻之間的衝突呢？

劉姑娘說：

　　試想想，當有一天我們獨力照顧孩子，我們會如何是好？相信壓力肯定不會少。所以，保持夫妻關係和諧相當重要，而孩子亦會在我們身上學懂如何去愛人。以下有一些方法可助大家用正向的方式來解決夫妻衝突，以及提升夫妻之間的關係。夫妻兩人因愛而結合，故此，千萬不可以因夫妻二人的愛情結晶品而發生衝突啊！

1. 怎樣察覺伴侶的情緒？

　　有時候伴侶的一些說話內容、聲線、身體姿勢等，都會令自己不自覺地感到被觸怒，所以「察覺情緒」非常重要，當我們留意到自己開始面紅耳熱、心跳加速、咬牙切齒時，我們可以嘗試在心中默想十秒、或深呼吸一下來冷靜自己，並思考一下自己為甚麼會動怒，以及如果發脾氣後所得之結果是否如你所願。待自己能調整思緒後，才表達自己的感受，避免說出極具破壞性的語言，影響雙方關係。

如果仍感到憤怒，建議去到「一旁」冷靜，例如家中的洗手間、房間等，以免形成「仇人見面，份外眼紅」的局面。另外，有時候選用 WhatsApp 來表達難以開口說的話，也是一個不錯的選擇。當中可以將自己憤怒情緒化作文字，另外在撰寫過程中，可幫助自己整理思緒，而當看到自己的文字過於激進時，亦可作出修改，然後才發出，這樣便能夠避免衝口而出說出一些難以收回的說話。劉姑娘也常常選用此方法和丈夫溝通的，所以我們的夫婦關係一直能夠保持融洽。

2. 先了解問題所在，雙方提出不同的意見，再採納可行的方法

當雙方彼此出現分歧，首先我們要「察覺自己情緒」會否影響稍後協商，再了解一下甚麼事情影響雙方，繼而一起討論。而在討論的過程中，雙方要專心聆聽，當一方表達完畢之後，才到另一方，忌「打斷伴侶的說話」及「預先作了判斷」，劉姑娘便時常發現許多伴侶都喜歡預先作出判斷，而對對方作出負面評價，影響關係。

當雙方表達完意見，再採納較為可行的方法及使用。例如：劉姑娘的先生在管教上比較嚴厲，許多時看到孩子出現一些與他價值觀不同的事情時，會嚴厲指責，有時候難免聲浪較大，令孩子感到害怕。我們曾為此事情心平氣和地討論，首先我對

他教導孩子的苦心表示明白，另外再向先生提出一項建議，當嚴厲指責之前，可將程度劃分等級，如初次發生先給予提醒等，最後我亦建議由我負責執行，目的是讓他感受到我並不只是空談，而是會以身作則。當先生了解之後，便採用了我的建議。

3. 洞悉伴侶的真正需要

每個人對愛都有不同的需要，現在為大家介紹 Dr. Gary Chapman 所提出的五種愛的語言 Five Love Languages，五種愛的語言包括：肯定的語言、優質時間、身體接觸、服務的行動、會心的禮物。我們可在日常生活中多觀察伴侶的身體語言及說話內容，尋找屬於伴侶愛的語言。例如：劉姑娘的先生愛的語言是身體接觸，特別喜歡我以愛的擁抱來肯定他在家庭上的付出，當大家知道伴侶間之共同語言後，可因應他／她的需要而作出相對的回應。

4. 從他人角度想事情，達致有效溝通

我們可以從伴侶的角度思考事情，劉姑娘認為每位父母都是痛錫孩子，只是他們兒時所接觸的朋友及原生家庭管教模式不同，塑造到價值觀的不同。例如：劉姑娘兒時沒有太大功課壓力，因為劉姑娘的媽媽擔心功課壓力太大會影響情緒，所以自小從不強迫學習，劉姑娘對女兒亦然，相反，先生有朋友的

子女考入名校，所以他都期望女兒學術方面有所提升，縱使劉姑娘和先生的想法有所不同，但我們不會因為這些不同想法而堅持己見，相反大家都希望孩子開心成長，所以我們透過協商從中找尋一些共同點，例如：替孩子報讀興趣班以遊戲為主，因為劉姑娘相信從玩入手可以提升初學者對該事物的興趣。

5. 多欣賞伴侶的優點，他會因為你的欣賞而繼續做好

每天保持感恩的心，我們多欣賞他們為家庭的貢獻，因為凡事非必然。我們亦可將感恩的心化作「肯定的語言」。例如：「老公你上班辛苦了。」或者「老婆你做家務辛苦了。」相信伴侶會因你的「肯定」而更加給力。

6. 適切的期望，避免期望落空

相信許多人都曾聽過期望越高失望越大，所以適切的期望是非常重要。例如：太太希望先生於情人節當日為她預備花及浪漫晚餐。先生為了不讓太太有過高的期望，預先告知太太情人節當日的安排，減低太太的期望。然後到了情人節當日先生為太太的準備比預期多，太太自然會更愛先生。

6.4 預防親子衝突及維持正向親子關係的技巧

衡爸和劉姑娘說：

衝突多數只是一場「權力遊戲」，想一想社會福利署的一句廣告標語：「贏了場交，輸了個家！」的意思在哪裏？簡單來說，當家破了，你也會是一個輸家。

但是，這些事情卻經常發生在日常的家庭生活中，不分男女，許多家庭暴力事件發生的原因是甚麼？不就是為了一啖吞不下去的氣嗎？要是我們能夠拋掉「誰勝誰負」的思想陷阱，多從「達到雙贏局面的角度」來思考事情的話，便會更容易地避過引起衝突的危險了。

親子衝突比起家庭衝突更容易處於一個不公平的狀態，因為那不再是大人與大人之爭，而是大人與小孩之爭。這時候，家長便很容易掉進一個獨裁者的角色，誤認為「我是為了小孩好！」，「總有一天，他會明白我的苦心！」而長期忽略了小孩子的感受，最終造成嚴重的親子衝突。

以下是經常引起親子衝突的例子，希望各位家長能夠避開這些引發親子衝突的十三個常見的陷阱：

1. 過分比較

例如：（埋怨地）「點解小明都識，你唔識㗎！」，孩子需要家長的認同才能建立「正面的自我形象」，若家長也認為自己的孩子遜色於人，孩子便會認為自己沒有用。

2. 長篇大論

孩子會感到沉悶生厭，他們亦未能長時間專注在過長的說話上，另外，過長的說話往往令孩子找不到家長表達重點。劉姑娘剛踏入社會大學，曾於男院舍工作期間，向一名男童說教，相信是因為說教太長，最終他發脾氣奪門而出，而我只好目送他離開，所以簡而精相當重要。

3. 過度控制

家長許多時認為自己所作的事情是為了孩子著想，每件事都為他預備，無論事情是好或壞，孩子都沒有發表空間，這只會壓抑了孩子的真正情緒及想法，不能訓練他們的高階思維。

4. 期望不同

許多時家長和孩子的想法都有很大差異，例如：家長希望孩子將來能成為專業人士，相反，孩子希望自己的興趣能成為

職業，例如：孩子喜歡去不同地方玩，所以想做空姐。但若家長沒有接納他／她們真正的想法，反而將自己個人意願強加孩子身上，只會是「拉牛上樹」，他們不會對該事情產生熱情及興趣。例如：家長期望孩子能考獲律師牌照，但當孩子完成家長的期望之後就不再接觸。

5. 威脅

「你信唔信我唔要你？」這句說話或許可以令家長得到一時安寧，但長遠下去孩子難以與人建立親密關係，或過於迎合他人，另外亦會感到家長不愛他，使關係緊張。

6. 凡事追求完美

例如：（生氣地）「啲字唔靚，同我擦晒佢再做過。」追求完美的人，對事情抱有非黑即白的態度，忽略了環境等各項因素，令孩子感到重大壓力，令孩子容易感到焦慮。

7. 做事欠缺彈性

做事欠缺彈性，不會變通，忽略了人與人之間的情感需要，常言道「法律不外乎人情」，久而久之孩子只會覺得家長「不近人情」。

8. 高聲呼喊

　　「高聲呼喊」和「威脅」都能暫時停止問題，但此做法帶給家長許多副作用，最常見的是孩子情緒起伏不定及將情緒轉移，例如：當家長責罵孩子之後，他們會找尋一些較他們弱小的人或動物發洩。另外，家長時常提高聲線呼喝，使孩子精神衰弱，自尊受創。

9. 玉石俱焚

　　例如：在沒有預告的情況下，突然之間切斷孩子上網線，當孩子看到自己在電腦遊戲中辛苦創下的好成績突然化為烏有，會使其極度憤怒，此行為和「引爆炸彈」無異。

10. 成人角度

　　例如：（苦口婆心地）「咁做我為你好、你要聽我講」這句說話說多了，孩子只會覺得家長「思想守舊」，日後容易與家長產生「作對」心態。

11. 體罰

　　孩子學會以暴易暴，他們認為這就是「弱肉強食」的世界，只要我夠強就再也不用被人打，例如：「當日後羽翼已豐就可以欺負昔日曾經欺負過他的人」。

12. 過分注重學業

我們三位筆者都深明香港的教育制度的問題，求學真的不能不求分數。但我們在協助子女求分數的同時，也不能忽略孩子的其他潛能。再者，離可怕的 DSE 仍有一段時間，當孩子偶有失手的時候便立即加以指責的話，便會為兒女積累過多無形的壓力了。

13. 家長情緒容易失控

家長們要切記，控制孩子情緒的大前提是，你還能夠控制自己的情緒。若家長時常因孩子的負面行為而影響自己的情緒，並將該負面情緒發洩在孩子身上的話，這只會同時為親子雙方造成傷害而已。

6.5 七項預防親子衝突的事前準備

衡爸和劉姑娘說：

衡爸身為輔導員，因此要經常面對許多家庭衝突的爛攤子，孩子離家出走是常見的個案，劉姑娘在男院舍工作時，更見盡一堆破碎的心。從正向的角度來看，我們的確見證過許多親子關係在雙方努力下，能夠破鏡重圓。但是，從專家的經驗告訴大家，那些家人關係最終能夠破鏡重圓的成功數字一直都是少數，而且，那些成功的案例中埋藏了多少無辜的淚水呢！

關於衝突，《孫子兵法》裏最讓衡爸留下深刻印象的一段是「故兵聞拙速，未睹巧之久也。夫兵久而國利者，未之有也。」現代人常把此段落解釋為速戰速決，然而，孫子絕對不是好戰之士，他的想法是，戰爭應避則避，因為戰爭勞民傷財、百害而無一利，從未有過國家因為長年戰爭而獲益，故非不得戰，該在短時間內分勝負。

因此，劉姑娘和衡爸都主張，預防永遠勝於治療，千萬不要和家人開戰。讓我們一起記住以下六項預防親子衝突的事前準備吧！

1.　了解行為背後真正的原因

從孩子的角度想事情，學習去認識和了解孩子的感受和需要，及行為背後的真正原因，並作出適當的回應，例如：「學校裏有一位時常違規的學生，老師及家長感到非常苦惱，而當每一次違規都需要約見家長，其實孩子違規行為背後原因是希望家長能夠留意自己多一點，因為每次見到家長他才感到家長的關心。」家長有可能會問，那麼家長如何找到問題背後真正的原因？其實許多事情都有其模式，只要我們找到「行為模式」，事情便會容易處理得多，例如：嬰兒肚餓會以哭表達，家長便需餵奶。

2.　清晰的界線

明確的界線可讓孩子容易適應，相反便無所適從。另外，立定界線後亦需要堅持不屈，當中亦需要給予清晰明確的後果，例如：「事先與孩子協商打機時間及規則，如當他們未能履行承諾，便按事前的協議承擔責任。」

3. 優質時間

　　將手頭上的工作或手機放下，利用睡前三十分鐘和孩子好好相處，傾談近日在校趣事、說說孩子喜愛的故事等，為雙方製造美好回憶。

4. 多向孩子表達欣賞、鼓勵及讚賞

　　多從欣賞角度看事情，孩子會因你的欣賞及鼓勵而更加做好。另外，建議家長讚賞時，多讚賞孩子過程中的努力而非結果，例如：我看到你今次考試很努力，而非你考到八十分好叻叻。因為忽略過程，孩子便不會思考過程帶給他們的領悟，另外當他們知道結果與他所想不同，便會感到難以接受。劉姑娘曾於遊戲過程中目睹一位孩子因骨牌倒下而大發脾氣，忽略了和其他人一起共同合作的樂趣。

5. 以身作則

　　我們很容易會因孩子顯性的情緒，例如：憤怒、不忿等而生氣，繼而作出指罵，但孩子不但沒有吸取教訓，反而學習了家長的高聲指罵，若想培養情緒穩定的孩子，我們更加要懂得疏導情緒，例如：心中默數十秒、深呼吸一下等，待情緒平復之後再進行說教，孩子亦會從你身上學習到如何平靜情緒。

6. 雙向溝通

單向溝通，即家長說出一些指示要求孩子跟從「我講你做」，由家長單向對孩子發出指令，這做法雖然確是省去許多時間，但缺少了關愛。而雙向溝通可給予孩子表達機會，增進孩子的語言能力，及提供機會讓雙方彼此了解，達致有商有量的溝通，這做法亦可讓孩子感到被尊重。

7. 運用我的訊息（I Message）來表達自己的感受

劉姑娘曾於家長工作坊教授了「我的訊息」予家長回家應用，其後有家長表示孩子與她的關係大大改變，而以下便是他們的改變歷程：

陳太（化名）時常因兒子在家打機而生氣，而許多時這些怒氣都會化作嚴厲的指控，如衝入兒子的房間，高聲喝問：「你玩完未？」、「好訓啦！」等。而兒子亦不一甘示弱，待媽媽離去，便大力關門作為抗議。但自從學習了「我的訊息」之後二人關係漸漸緩和。

那麼甚麼是「我的訊息」呢？

「我的訊息」的表達情緒是用於人際之間的溝通，讓他人了解自己的情緒，溝通的方法因人而異，可依以下的步驟依序來進行〈鐘思嘉，2005〉：

1. 首先描述自己的困擾及引起不安的行為〈只描述行為本身，而非指責對方〉。
2. 陳述自己對兒子行為的可能後果或感受。
3. 陳述理由〈或事情產生的後果〉

若將「我的訊息」應用在陳太的例子，當兒子在超過晚上十時仍在打機的話，陳太可對兒子表達：

1. 孩子，你超過了十點鐘仍未睡。
2. 我很擔心。
3. 因為太晚入睡，你明天會沒有精神上堂。

「我的訊息」的好處：

- 孩子能夠了解自己遲遲不肯入睡，會造成家人的困擾；
- 從母親的表現，學習以別人的立場來看事情。
- 從母親的溫柔表達，學習溫柔回應。
- 清楚表達出母親的感受，而這說法容易讓人接受。
- 促使正向的溝通，減少「左耳入，右耳出」的情況。
- 兒子感到母親是從擔心他的角度來阻止他晚睡。

反之，若陳太一直以大聲責罵的方式來管教兒子，兒子學習到的是以憤怒、生氣、大音量來表達個人想法。所以，在往後的親子溝通將會是爭吵為主。

6.6　即時處理衝突的方法

溝通是雙方的，衝突亦然。假如我們正在面對由對方引起的衝突，我們應該怎麼辦呢？請謹記，正處於情緒失控狀態的人，就好像正在燃燒中的烈火一樣，若然你也燒起來的話，或者在為對方加上一些易燃物的話，下場只會是加強這場火的傷害力。別跟我忽然正能量地說：「野火燒不盡，春風吹又生。」被情緒引發的烈火燒過而衍生出的東西，通常被稱為仇恨，而仇恨的種子能夠讓被燒毀的土地從此寸草不生。

所以，當我們遇上情緒之火時，謹記以下四個步驟，立刻滅火！

步驟一：高聲喝令 VS 平和語氣

家長首先留意自身的情緒是否已被孩子牽引，因為當情緒波動便難有清晰的頭腦思考事情。例如：「高聲喝令，孩子很容易物極必反，相反，真誠平和的說話，可讓他們的怒氣減退。」

步驟二：從孩子的感受出發，說出他們的感受

說出孩子的感受及所留意到的情緒狀態，例如：「我看到你緊握拳頭、咬牙切齒，是否很憤怒？」為甚麼說出孩子的情緒那麼重要？因為人之所以憤怒是因為不懂得將情緒以說話表達出來，所以以大吵大鬧方式發洩，此時家長若能代替孩子說出感受，可讓他們感到釋懷。

步驟三：給予時間和空間

若孩子依然情緒不穩，便應該給予充足的時間及空間，讓孩子好好整理情緒。例如：「我給予你一些時間整理情緒，當你覺得平復下來，再告知我發生甚麼事。」

另外，家長可在視線範圍內觀察，當留意到孩子情緒較之前平復，可表達欣賞。例如：看到你較之前平復許多，知道你很努力平復自己情緒。

步驟四：提供協助及一同找出解決方法

記住，家長必須讓孩子知道家長願意站在他們身邊，願意和他一起面對問題。家長應主動向孩子表達願意提供協助的訊息！「無論發生甚麼事情，爸爸媽媽都是最愛你的人！」、「不如我們一同想方法解決問題！」等，讓孩子感到家長是他們的後盾。

第七章

如何協助孩子處理
朋輩關係？

7.1 子女的朋輩關係變幻時

佩媽說：

很多人說最好的朋友往往是在求學階段認識，所以朋輩關係對於一個小孩來說是十分重要。可是在成長過程當中，小孩卻要面對朋輩間不同的比較，如果是良性競爭及處理恰當，這種比較能讓孩子更進步及令孩子們的友誼更上一層樓，但如果互相產生不良比較，甚至展開罵戰，繼而絕交，便會令孩子的心靈受創傷。

或許上了小學的家長，便開始聽到小孩會拿同學來作比較，最簡單是默書成績不理想時，小孩一定會說：「邊個成績比我更差！」「成半班都唔合格！」等等的藉口。每次二小姐有這樣的回應，我總會對她說，我不會理會其他同學的成績，我只看到你這次默書有沒有盡力，成績如何我並不計較，所以二小姐一向也不會和同學比較成績。

但小孩除了成績，其實還有很多地方會和同學比較，常常也會問：「點解？」就好像二小姐在一年班時已向我報告：「有同學擁有智能電話，點解我無？」、「點解同學仔啲屋企好大，我哋屋企咁細？」、「點解同學可以每次放假都去旅行，而我

地無？」、「點解⋯⋯」這些絕對是同學們之間出現的比較。佩媽每次也會用周星馳電影《少林足球》的台詞來回應：「點解我老豆唔係李嘉誠？點解我咁靚仔但係甩頭髮？」

佩媽要二小姐明白，每個家庭生活也不同，物質生活可以依靠自己努力去爭取，最重要是一家人和和樂樂。其實很多時在我們家長角度覺得小孩的比較是十分無謂，就好像他們會比較 IG 內容、IG 粉絲多少、IG 讚好的數字⋯⋯這些比較弄得我們做家長的，有時為了配合，也常常被催促幫忙讚好，總之我們也是務求令孩子們開心罷了！

比較情況出現得最厲害是在青春期，話說二小姐幸運地獲一間心儀的中學取錄了，此中學屬於成績頗好的學校，二小姐收到派位紙時十分雀躍。第二天，我看見二小姐把自己關在房內，樣子很氣憤。細問之下，原來有同學傳來口訊，指二小姐並非憑實力升上心儀中學，背後一定是靠人事關係，還說二小姐必定淪為包尾大王，並說二小姐是垃圾。二小姐不但沒有展開罵戰，只是輕輕說了一句：「你妒忌？」再回應多個心心符號，便不再回應。佩媽十分欣賞二小姐的克制，她沒有因此而發火與同學發生衝突，這讓我感到十分安慰！

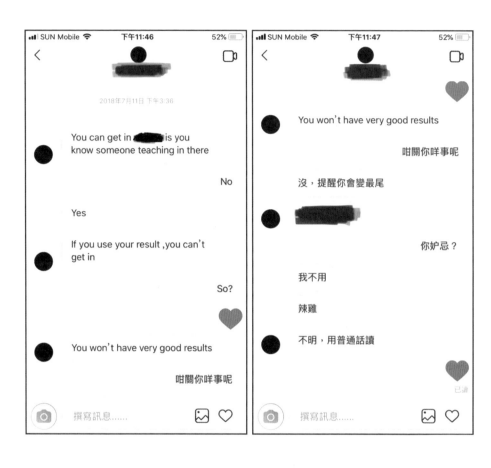

衡爸說：

　　青少年很重視自尊及成就感，所以有追求卓越的旺盛企圖心，故此喜歡與同儕競爭，但同時，他們又會害怕失敗，有時更會因為害怕失敗而選擇逃避。因為青少年的生理與心理仍處於發展階段，在這個時候，他們的情緒會比較波動，亦很看重成敗得失，所以在遭遇挫折的時候，會很容易導致情緒失控，而不顧後果地把一些傷害別人的說話，衝口而出地傷害別人。佩媽的二小姐受到曾經是好友的同學出口中傷，相信是該位同學正身處逆境，在眼見朋友能夠入讀一間好學校，故心生不忿而遷怒於二小姐。

　　可惜的是，二小姐的回應也充滿了反諷的味道，相信那位同學閱畢這個回覆後定必更氣得咬牙切齒。要是二小姐更成熟一點的話，應該以劉姑娘在前面的章節裏分享過的 I-Message 回覆對方：「聽到你的訊息後，我真的很傷心啊！或許我是因為幸運而獲這間好學校取錄了，但聽到你這樣的說話，我真的感到很失望，因為我是把你視為好朋友的。」當然了，二小姐也是一位青少年，她沒有反罵對方，這也已經是十分成熟的表現了。

　　青少年除了喜歡與同儕競爭之外，亦很容易受朋輩影響，朋輩的評價和看法都深深地影響青少年的一舉一動。根據香港撒瑪利亞防止自殺會的調查發現，超過 50% 的青少年認為「朋

輩人際關係」是他們壓力的主要來源。其實青少年的自尊有一定程度是建基於「聯繫感」，即人際關係的支援。朋輩之間爭執、排斥、冷落等行為都會嚴重影響青少年的自尊。所以，當青少年在人際關係上出現期望的落差，便會對他們產生巨大的壓力。所以，相信二小姐當時面對著朋友的惡言中傷後，她亦承擔了很大的壓力。

7.2　當孩子遇上交友問題

佩媽說：

最近佩媽的媽媽谷正談論青少年問題：「如果初中學生唔肯返學可以點做？」馬上引起各位媽媽熱烈討論，大家也十分關心那個初中學生為甚麼不肯上學。對於我們已出社會工作的媽媽來說，自覺返學應該是人生最快樂的事情之一，返工肯定慘十倍！那你覺得是嗎？

先說說初中學生的背景，他原本是在一所普通的小學讀書，他的媽媽從小便對他十分嚴厲，時常出爾反爾，並使用高壓手段來令他就犯（這都是他的媽媽告訴大家如何對待孩子），所以在小學時期，他也十分聽話，名列前茅。由於成績好的關係，媽媽成功把他轉去一所成績十分好的名校。他轉到新校後成績平平，唔攪事亦唔參與任何活動，最後亦順利升上直屬中學。一切也以為是相安無事，直至有一天他壓力爆煲，選擇以逃避的方式去表達。他的媽媽當然是束手無策，不知如何是好，從慢慢引導試探下才得知原來他在學校無朋友，加上學業壓力及家庭壓力！父母才發現自己一直不明白孩子，於是亡羊補牢，不斷上堂學習育兒方法，及向孩子道歉並承諾會更改，可是暫時沒有任何關係上的進展！

在學校無朋友對於年青人來說，是一件很重要的事情。佩媽回想在中二時也是因轉校的問題，在班房裏找不到一個朋友，那時心裡真的很難受。但幸好佩媽當時加入了不同校隊，與不同班別的同學開始建立友誼。用了差不多一年時間，由班裏沒有一個朋友，變成全級每班也總有朋友，最終成為同學之間的借書大神，每逢小息也十分忙碌，幫不同班的同學借書及還書。

當然我慶幸家父家母對我學業成績沒有太大壓力，所以我相比那位年青人幸運。做父母的你，千萬別等到孩子有事才警覺自己出問題，要多與孩子溝通，多聽聽孩子心底話，凡事從孩子的角度看，孩子的世界將會更美好、更快樂！

衡爸說：

子女的交友情況一直都是最讓父母感到擔心的事情之一，一來怕他們誤交損友，因而近墨者黑，容易學壞；不然就怕子女像佩媽分享的個案般，成為校園裏的獨男獨女，獨來獨往，連一個朋友都沒有，更怕的是他還被同學杯葛，更慘被欺凌。

其實關於社交方面的學習，應該由家長親自指導孩子這方面的知識。例如：應該怎樣分辨身邊好朋友和壞朋友、社交禮儀、尊重別人及互相幫忙等。當然，孩子亦會透過觀察父母的社交生活，來學習怎樣與朋友相處。

從佩媽分享的個案裏發現，相信那位中學生的母親從兒子小時候開始，便過份把兒子的生活集中在學習方面。故此，其兒子一直缺乏健康的社交生活，不懂得與人相處，因此沒法結交能與他交心的好朋友。

　　各位家長都必須留意，正常的社交生活對每個人來說，都是不可缺少的。因為人本來就是群居動物，透過社交生活，孩子才能學懂怎樣與他人相處，及獲得能夠和他互相幫助的同伴。

　　就算以功利一點的角度來看也不錯，在大人的世界中也有一句說話：「識人好過識字。」要讓孩子擁有良好的人際網絡，我們從小便要訓練他們學懂怎樣待人接物。因此，父母必須多鼓勵孩子在學校裏主動結交朋友、樂於助人、待人以誠及尊重別人。這樣的話，作為父母的也會更容易對子女未來的人生感到放心，因為我們會相信，當他遇到困難時，必定會有朋友在其旁邊給予支持。

7.3 建立兄弟姊妹之間的手足之情

佩媽說：

　　一個嬌、兩個妙、三個吃不消、四個斷擔挑……上一代的人「閒閒地」都生七至八個仔女，家中如果有多過一個孩子的家長，或者都曾經為孩子衝突而煩惱過。佩媽家中有三個孩子，大公子及二小姐的年齡相隔三年，確是打架多過食飯！不是說：「為甚麼哥哥可以，我就不可以？」就是說：「為甚麼甚麼都要讓細妹？」一天到晚，總是不停地投訴！這些情境佩媽似曾相識，因為佩媽跟自己哥哥也是一樣相隔三年，也是整天吵個不停，我還記得每次與哥哥吵架，家母的回應總是：「你哋兩個出門口打過，打贏嗰個先好返入屋！」

　　佩媽很喜歡一套卡通片《再見螢火蟲》，故事講述兩兄妹活在戰亂中，父母都在戰爭中身亡，只剩下兩兄妹相依為命。哥哥竭盡一切所能照料妹妹，可惜，最後妹妹還是因營養不良而在哥哥懷中逝世。他們兄妹之情，深深的印在佩媽腦海（看過這電影超過三百次的衡爸也表示認同）。所以佩媽覺得有兄

弟姊妹是一種福氣，當年佩媽為甚麼會有這個決定生多於一個小孩？這個決定是自找麻煩嗎？生二小姐的目的，是希望大公子有多一個人陪他成長，學習如何與人合作及相處！佩媽認為沒有經過實戰，是學習不到互相忍讓、互相依賴、互相幫忙！每天小魔怪總會為爭廁所、爭坐車頭等瑣碎事而吵架，便造就了很多實戰的經驗，而這些經驗對他們成長有莫大的好處！

記得有一次大公子與二小姐吵架，當時正值農曆新年，剛好有一個「相親相愛」的揮春貼在牆上，佩媽便要他們兩個站在揮春前面，看清楚這四個字有甚麼意思！他們當然沒有因為這個揮春而變得相親相愛不再吵架，但這件事對二小姐特別深刻，時至今日她也會記得這件事。

至於三公主，由於年齡與哥哥家姐有一段距離，所以根本不會吵架，每次也是三公主使出放聲痛哭，哥哥家姐便會百般呵護三公主。但這樣真的不好，因為港女就是這樣鍊成的，吵吵鬧鬧反而可以令小朋友學習相處的技巧！就好像佩媽跟自己哥哥一樣，自小吵架，反而令彼此溝通多了，長大後更珍惜對方！佩媽的朋友有四兄弟，可是他們從小已溝通不多，包括吵架和打架，完全是活在四個不同的世界，長大自立後兄弟都變成了陌路人一樣！

雖然說吵架可以增進彼此了解，但對於小孩來說，家長是需要有適當的引導及調控。例如大公子和二小姐常常爭用洗手

間，小魔怪爸爸便在洗手間門口貼上預約表格，讓孩子預約沖涼時間，過了預約時間便需要等候所有家庭成員使用完畢才可沖涼；至於坐車時會安排去程及回程各自坐一次車頭的位置，其實只要規劃做得好，自然沒有甚麼好爭執！

佩媽眼見子女其實很關心對方，記得大公子有一次畢業旅行，是差不多八天的旅程。二小姐第一天已經說很想念哥哥，每晚大公子致電回家時，二小姐不停嚷著要和哥哥傾訴，哥哥亦樂於與她分享旅遊樂事，由此可以證明其實他們是很愛對方的！佩媽很感恩，大公子和二小姐已進入青春期階段，但爭吵卻越來越少，收成期終於開始出現。上個月大公子因一份美術功課而感到十分頭痛。就在不知如何入手之際，因二小姐的強項正是繪畫，二小姐便走出來拍心口答應協助大公子完成功課；而很不願意執房的二小姐，大公子二話不說答應幫手打掃，這就正是各取所需，互相幫忙的好結果！

衡爸說：

其實衡爸在上一本與佩媽合作的《P牌爸媽的心靈豬骨湯之管教子女 Easy Job》已經說過，作為獨生子的衡爸是堅持一孩家庭的爸爸。許多人（包括佩媽在內）都一直跟我分享擁有兄弟姊妹的好處。衡爸當然未能領略

當中的樂趣，但是衡爸非常認同佩媽在協助大公子和二小姐建立融洽的兄妹關係上使用的方法。

處理兄弟姊妹的關係和朋友之間的關係是兩回事，因為相見容易同住難，而且兄弟姊妹必須共享許多東西，當中包括：佩媽提到的家中洗手間和車輛的前座等，而不得不提的還有最重要的一項——父母對自己的關注。孩子當然希望父母把所有的愛都投放在自己身上，這也是衡爸不願多要一個小孩的主要原因。所以，對於有多於一個小孩的家庭裏，怎樣令到每位子女都感受自己獲得到父母的公平對待？一直都是一項重要的事情。

兄弟姊妹一起生活在同一屋簷下，衝突必然會發生，但這些衝突必然會成為他們的重要一課，而家長的即時反應更是這一課的關鍵題目，因為家長的回應會直接影響到子女準備為這一課訂下一個正面或負面的結論。

假如兄弟姊妹在經歷衝突之後，接收到的訊息是父母偏心其中一位的話，其餘的子女便會給予這段家庭關係一個負面的結論，他們的關係也絕對不會融洽。而且，若家長處理恰當的話，像佩媽和其丈夫般，為一對小兄妹制訂各種公平的相處規則，也會認真給予他們寶貴的意見，及鼓勵他們融洽相處。這對小兄妹必然是對方的好夥伴啊！

7.4 當子女遇上被歧視的時候⋯⋯

佩媽說：

時常有人說佩媽很勇敢，在這個年代夠膽生三個！其實湊三個小朋友並不困難，但如果要湊長期病患的小朋友，就一個都嫌多！佩媽深深感受到這份壓力，因為我曾擁有一個患有嚴重濕疹的女兒，這份作為照顧者的壓力，局外人是不會明白的。

記憶中，女兒自出娘胎已患上濕疹，所以我一早已經背上罪魁禍首之名。我被認定於懷孕期沒有戒口，當然我的遺傳基因亦成了被攻擊對象！自問自己飲食一向都非常檢點，至於遺傳問題，我真的沒有辦法推卸責任，因為我在兒時也是個頗嚴重的濕疹患者，故此我只好默默承受別人的閒話。

在整個的抗濕疹歷程中，女兒也真的受了不少苦，只要有皮膚的地方，都沒有一塊是完整無缺的，在任何時候都感到十分痕癢！根本連基本生活都成問題！我還記得她真的沒有辦法睡在床褥上，所以我的心口便成為了她的床，瞓足七年！而每晚我也用雙手捉住她的一雙手，免得她半夜抓損皮膚。因此多年來，我倆連安睡一刻也充滿了難度！

為了醫治女兒的病，我也試盡了所有方法 —— 皮膚專科、中醫、針灸、推淋巴、吊針、自然療法等……病情總是反反覆覆。過程中最令我心痛是一些無恥的人，為了賺錢去欺騙病患者。女兒曾經看過一個中醫，有自家製的藥膏及藥物，原來添加了類固醇；又有一個在網上吹噓非洲皂有助舒緩濕疹，我飛車排隊去買回來，沖完涼立即出問題，後來才知道所有人也有相同反應，又遇上了騙子！其實金錢已不是我考慮的重點，心中之痛是儘管為了治療女兒，但女兒也像變成了實驗室的白老鼠般，隨時加重了她的病情，感覺「愛佢變成害佢」。

　　女兒亦因皮膚過敏關係而受盡歧視，被同學視為生人勿近，因怕會被傳染。雖然我明白小朋友因缺乏相關知識而對此感到害怕十分正常，但眼見許多家長要不是「各家自掃門前雪」，便是無知地參與孤立行動，這更令人感到痛心和無助。女兒時常被孤立與排斥，自信心也受到影響，令做媽媽的更添內疚和自責！

　　幸運的是，女兒幾年前遇到很好的西醫和中醫、一隻對舒緩濕疹非常有效的手工皂、和妹妹為她帶來了年半的人奶，各項方法同步進行後，也加上女兒徹底戒口，現在已基本算是好了。回望過去，照顧病童真的身心都受盡折磨、受盡委屈、受盡痛苦、受盡冷言冷語，我差點被這份壓力壓垮了。但最令佩媽心痛卻是女兒受盡不必要的歧視，看着女兒無辜地受到歧視才是佩媽最不想見到的！

衡爸說：

對於佩媽二小姐的遭遇，衡爸真的深感同情，亦身同感受，畢竟衡爸在十二歲便經歷嚴重燒傷，更因此而被毀容，滿身疤痕。當年的衡爸也花了好幾年時間去適應來自別人眼中的奇異目光，由於當時的衡爸性格比較剛烈，便常以強硬的態度回應歧視的對待，結果在讀中學期間招惹了一堆「仇家」，十分可惜。

作為一個過來人，我十分理解那些歧視是避不過的，因為欠缺相關知識的人太多，人性本來就是會讓自己避開一切對自身產生威脅的事物。因此，既然改變不了別人，不如先改變自己，讓子女主動向別人分享自己的身體狀況，讓別人對自己的疾病放下戒心。因為若兒女患的是長期病，他們在未來的日子裏再有需要加入一個新的群體的話，相同的情況肯定會再度發生。

衡爸建議，若有家長面對與佩媽相似的情況，不妨主動向對方分享兒女的處境，例如：家長可以經家教會的活躍家長協助你把兒女的情況轉告其他家長，然後也鼓勵兒女把自身的病情坦白地在班裏跟同學分享。其實許多歧視都是出自無知，若他們明白到這種疾病是不會傳染的，相信一般人都不會再用奇異的目光對待這位患病的小孩，反之更會以關懷的態度對待他呢！

7.5 小孩子的朋輩關係

佩媽說：

　　佩媽算是一個頗健談的人，所以從小便交遊廣闊，從來沒有交友的煩惱，所以亦沒有想過小孩有交友的問題。二小姐在幼稚園階段，以至初小階段一直也有不少友好的男女同學，很多時她與同學的關係就好像夫妻一樣，床頭打交床尾和，一時就糖黐豆，一時就水溝油，所以我也很少理會和擔心二小姐與同學之間的友誼關係。

　　二小姐一直都有一個很要好的女同學，未知是否佩媽與女同學媽媽也十分老友關係，所以很自然她們便成了金蘭姊妹，她們會一起玩耍、一起溫習，就連喜好也會互相影響，佩媽很高興二小姐有一個好姊妹與她共同成長！

　　但未知是青春期還是甚麼原因，在二小姐升上六年班開始，便與另一位女同學交惡，情況也頗嚴重，據二小姐所説那位同學把她所擁有的朋友也搶去，亦專登在群組中搬弄是非，務求令所有同學也不喜歡二小姐。其實佩媽覺得做朋友也要講緣份，朋友不需要刻意爭取，但是這個同學的出現確實令二小姐終日以淚洗面，情緒十分困擾，佩媽用盡所有方法舒緩二小姐的負

面情緒，也沒有辦法改變，心中很是焦急，有想過要求學校的班主任及社工介入，但心地善良的二小姐，怕會影響該同學，加上礙於剩下小學的時間也不長，所以尊重二小姐決定放棄向學校求助。

當然佩媽只好不停輔導二小姐，亦重新教導二小姐與同學相處之道，不知是禍是福，二小姐因為患有嚴重濕疹而從小已習慣被歧視，但始終看見女兒被欺負，心裏也感難過。其後得知那位女同學轉了欺凌對象，二小姐終於重現笑容，但那位同學卻要求二小姐參與杯葛行動，佩媽和二小姐看法也是「己所不欲，勿施於人」，二小姐表明不會參加及支持！看到二小姐有勇氣去拒絕接受無理的要求，只因她已經不再害怕那位同學，證明她上了寶貴的一課，令她真的長大了！

別以為女孩子才有朋輩問題，大公子曾幾何時也試過被同學欺凌。還記得大概是大公子四年級的時候，佩媽買了一隻好幾百元的電子錶給大公子，誰知戴著回校的第一天，大公子便訛稱自己弄丟了手錶，做母親的第六感告訴我大公子講大話，但我怎樣問他他都堅持是自己丟失的。其實大公子一直有一個無論身材和性格都與「多啦A夢」裏的胖虎十分相似，也是周圍「蝦蝦霸霸」的同學，我絕對有理由相信手錶是這位同學所偷，但當然苦無證據，最後不了了之！直至去年跟大公子買錶那一刻，大公子才和盤托出整件事，原來當日確是給這位胖虎同學強搶手錶，大公子解釋如果當日告知老師這件事，老師一定會罰胖虎，他怕被這位同學尋仇，所以選擇閉口不宣。

聽到大公子的話，可見這件事對他影響甚大，至少知道他為甚麼這七年來都拒絕再戴手錶，是因為不想勾起這個慘痛經歷！知道後我很心痛，我知道那些日子他每一天上學都很驚恐，而做母親的亦都很徬徨和無助。由於我家公子生得比較細小，我一直都很擔心他會被胖虎一手舉起在學校高處丟下，多次向學校反映我們的憂慮，但始終都無辦法解決，幸好在學期尾這位胖虎同學轉校，事件總算告一段落。

　　現在大公子因為中學轉了學校，除了有一大班小學同學，亦多了一大班中學朋友，現在的他，常常也有朋友相約結伴做運動及看電影，我常常叮囑大公子，在學時的朋友要好好珍惜，長大後工作是很難找到知心朋友的！

7.6 與其為孩子披荊斬棘，倒不如教曉他們求生技能

劉姑娘說：

　　我們相信每個人都有能力解決問題，當孩子遇到問題，家長可以嘗試（停一停）給予孩子思考空間，讓他們自己嘗試解決，提升孩子的解決困難能力。

　　學校是社會的縮影，與其為孩子披荊斬棘，不如教曉他們求生技能。許多時被欺凌均感到害怕或憤怒，並不知道自己如何處理。家長可以先了解事情的嚴重程度、事件如何發生及孩子如何處理問題等，以便了解事情是否確實為欺凌，避免作出偏袒孩子的行為。若發現確為欺凌，我們需要留意孩子的「應對模式」會否令欺凌者更加「有恃無恐」。

　　例如：一般欺凌者較喜歡欺負受到挑釁便容易出現過激情緒或默不作聲的人。前者他們感到好玩，後者因為他們不會反抗。

所以家長需要增強孩子解決困難的能力，家長可以給予鼓勵及信心讓他們感到有能力面對。例如：家長和孩子就事件進行角色扮演，從中可以了解孩子的面部表情、聲線會否引起欺凌者的情緒等，而最重要的是透過不斷的演練增強他們控制環境的能力，及評估這些方法是否可行，再作不斷的修改，讓他們有能力應用於學校環境之中，增強他們的心理預備，減輕他們不安情緒。

　　最後在上述的事件中，劉姑娘非常欣賞佩媽教導二小姐與同學相處之道，因為有時候我們待人接物有機會讓一些對人有敵意偏見或過份敏感的人不滿，所以增強孩子的人際溝通技巧相當重要，這亦有助孩子形成支援網，預防欺凌者有機可乘。

讓孩子遠離「被欺凌」特質

被欺凌者性格許多時較為內向、面對困難容易逃避或出現過激情緒、自我形象低、人際關係欠佳、較少朋友等。

1. 增強人際相處技巧，形成巨大支援網絡（人多勢眾），因為欺凌者通常都捨難取易。

2. 增值自己，讓他們看到你強的一面，成為眾人偶像，提升校內地位，因為許多時人覺得對方厲害便會自然地崇拜。例如：當對方電腦稍遜，而你能為他解決，自然地便會成為眾人偶像，那麼又怎會成為被欺凌的目標呢？

參考文獻：香港扶幼會金禧專集（2004）：《華人社會青少年院護及特殊教育服務》（香港：商務印書館）

第八章

處理子女的
負面情緒

8.1 負面情緒從何而來？

劉姑娘說：

　　劉姑娘想簡單地跟大家討論一下何謂負面情緒，首先，我想引用一個經典的廣告作比喻：

　　一名男生在球場旁邊沮喪地說：「打波先嚟落雨。」

　　「可能明天不會下雨呢？」他的同學說。

　　第二天的時候，他們去到球場踢球，天氣果然是陽光普照，昨天在抱怨的男生問：「你怎麼知道今天不下雨？」

　　他的同學開心地回答表示：「我也不知道的，但是希望在明天嘛！」

這個故事能夠帶出一個訊息，不同人遇上同一件事，會產生不同的情緒。原因為何？簡單來說就是，人在接觸不同事物後產生了「想法」後再引發「情緒」。就像來自心靈雞湯系列裏的著名故事《半杯水》般，你在非常口渴的時候，很想喝東西，然後你在桌子上發現了半杯水。這時的你會有甚麼感受呢？

A. 你會覺得很感恩，因為你發現還擁有半杯水。

B. 你會感到失望，並抱怨為甚麼只剩下半杯？

你的想法會產生其相連的情緒反應。對於以上的問題，衡爸的反應會是，先覺得疑惑，並且在想這杯水是誰喝剩的？然後逕自走到廚房打開冰箱取出一杯冰凍的可樂。原因是衡爸的想法比較喜歡跳出框架外思考，同時這也反映了衡爸擁有比較樂觀的想法，因為他竟然相信那裏會有一個放有可樂的冰箱。

衡爸的正向想法使他的腦袋中存在「希望感」，就像上文的故事裏提出明天可能會是晴天的小孩般，所以在對比抱怨因下雨而無法踢球的那位小孩，前者比較不受外在環境影響對自己的心情。因為我們對事情的想法會產生相關的情緒，而該種情緒則會影響到我們作出怎樣的反應（行為）。

「想法」➡「情緒」➡「行為」

在前幾個章節劉姑娘和衡爸已跟大家分享過幾個主要的基本情緒。不知道大家有否留意到，人的四個主要基本情緒：「喜、怒、哀、懼」裏面，當中有三種是屬於負面的情緒。如是者，用百分比來看的話，我們遇到負面情緒的機會率的確會比較高。所以大家常有一個說法，就是「人生不如意事十常八九！」按這說法來計算的話，事情可能還要更悲觀呢。總括來說，當我們正在經歷的情緒為我們帶來不愉快的體驗時，該種情緒便是負面情緒。而常見的負面情緒有許多種，例如：憤怒、失望、不滿、恐懼、尷尬、擔憂、灰心、妒忌等……

負面情緒通常從過往的不如意經驗所組成，這些經驗成為了我們腦袋中的思考習慣。

劉姑娘曾經在青少年社福機構裏接觸過一個相關的個案，個案中的案主是一位叫文傑（化名）的兒童，文傑時常表現得沉默不語，而且害怕別人對他作出評價，就算那是正面的評價，他都會感到害怕。約見家長後，劉姑娘發現，原來文傑的媽媽習慣把兒子拿來與人比較，並且因為擔心兒子會驕傲，所以從來不讚賞文傑。

劉姑娘終於明白為甚麼文傑會一直作出缺乏自信的行為了，因為文傑一直得不到家人的認同，結果導致文傑認為自己「很無用」。因此，缺乏自信的文傑在此後所接收到的訊息，都會先被自己的負面想法貼上一片「不合格」的標籤。所以，文傑在參與任何表演或比賽的時候，都會產生非常焦慮的情緒，

這個負面的情緒使他還未踏上台表演之前，腦袋已經開始浮現一堆相信自己必定會失誤、自己的表現一定會被他人取笑等的負面想法，繼而出現如逃避或退縮的行為。

母親時常給文傑作出負面的評價
導致文傑覺得自己「很無用」（想法）

↓

對所有給自己的評價都感到「害怕」（情緒）

↓

時常表現得「沉默不語、逃避或退縮」（行為）

8.2　如何應對孩子的負面情緒？

　　劉姑娘和衡爸一直都發現有一種關於安慰別人的荒謬現象，就是許多人當見到別人正在傷心的時候，就會走過去說一句：「不要傷心啦！」

　　衡爸心想：「怎樣不要傷心呀？」這一句慰問句的第一個問題是衡爸一再重複的否定句語法接收陷阱，當我跟你說：「不要去想一隻藍色的猴子的時候，你會立即想到甚麼？」那麼，當你聽到「不要傷心！」的時候，你會想到甚麼？

　　但是重點是，人家正在處於一個傷心的情緒狀態，如果一句：「不要傷心！」就能夠立即讓對方平復心情的話，相信衡爸這些心理輔導員都會立即失業。所以，請大家記住：「不要傷心！」這句說話有如廢話，故此，當別人傷心的時候就不要跟他們說廢話了。

　　「但我只想安慰一下對方，難道不說話嗎？」是的，沉默總好過說廢話，再者，安靜地陪伴對方，一向都是最有效的安慰方法。然而，許多人總覺得有開口說過話才算是有份參與安慰，故此總要在別人傷心的時候發表偉論。例如朋友失戀的時

候，就立即向對方說：「塞翁失馬，焉知非福！」又或者：「不要為了一棵樹而放棄整個森林。」

「這次我沒有叫對方不要傷心了！」可惜那些都是廢話。

「這麼有意義的說話怎可能是廢話？」

請大家謹記，沒有效果的說話就是廢話。何解那些說話也是廢話呢？因為那些都是屬於理性思維的道理，一個正深受負面情緒影響的人，又怎會有足夠的理性來分析這些鼓勵金句呢？

同一個道理，許多孩子都不願和父親傾訴心事，因為父親通常是家庭裏最常運用理性思維來分析事情和表達意見的人。運用理性來思考和分析事情當然重要，但人類是感性的生物，特別是女性、小孩子及正受到情緒困擾的人都比較傾向以感性角度來接收信息的，所以對於太理性的說話，他們不但無法理解，更會對那些說話反感。然後，在缺乏親和感的情況下，他們便會拒絕你的所有意見。

所以，若家長希望自己能夠成為孩子在失落時的倚靠者，我們必須要懂得運用理性思考及感性溝通。言則就是，我們需要時刻保持自己的理性，因為理性能夠幫助我們清晰地思考各種事情，但是我們必須讓兒女覺得自己的感受能夠被理解。

運用帶著情感的回應，能夠讓當事人的情緒得以疏導，而感性回應包括：耐心聆聽別人的情緒、想法，繼而說出當事人的感受，使對方感覺到你能夠明白他的感受。切忌向當事人給予存有批判成份的回應，在對方說話的時候輕輕點頭以示認同對方的感受。也可以在對方說完一堆話後，重複對方的說話要點，例如：「你說自己覺得很傷心，原因是……」這樣可使對方感覺到你有專心聆聽他的說話，這能讓他感受到有人在旁支持自己，同時，也能協助對方整理他的思緒。

以下的都是一些常見的慰問句，大家試想一下，一個無法運用理性思考的小孩子正受到負面情緒困擾，他們又怎能理解這些話句呢？衡爸鼓勵大家嘗試把下列的句子改成有助安慰別人的實用方法。

🚫 不要哭，沒事的！

🚫 失敗乃成功之母！

🚫 關關難過關關過！

🚫 船到橋頭自然直！

🚫 你聽我講，跟住做就 OK 了！

8.3　妒忌與爭寵引起的負面情緒

佩媽說：

　　不知道是否佩媽準備功夫做得好，在懷有二小姐時，已經和大公子進行一連串的心理輔導工作，所以當二小姐來臨時，大公子已有心理準備，從來沒有半點妒忌及爭寵的心態出現。但佩媽在準備迎接三公主來臨時，卻一直認為二小姐跟三公主年紀差距大，應該不會產生妒忌這個問題，所以亦疏忽了跟二小姐做好心理輔導，這真是一個重大的失誤！完全忽略了天生女性妒忌心一般也較容易發生的嚴重性。

　　佩媽由懷有三公主開始，已經改變了和二小姐的生活習慣，最明顯是二小姐因為濕疹問題，多年來也是睡在佩媽身上，懷孕後二小姐只可以睡在佩媽身旁，佩媽亦因懷孕較以往疲倦而多了休息時間，相對減少了陪伴二小姐。回望過去，佩媽很明白二小姐面對生活轉變感到相當壓力，成人面對壓力，也會焦慮和容易發脾氣，更何況是小孩子！佩媽亦因為以人奶餵養三公主達年半，常常也需要抱著三公主餵奶，我相信二小姐感覺是被冷落，雖然佩媽很歡迎二小姐在餵奶時出現，亦有泵人奶

給二小姐一同分享，但埋身食人奶，二小姐看在眼裏，亦曾要求要埋身食，最後當然二小姐沒有這樣做，但就令佩媽感受到她產生的妒忌心。

佩媽一直覺得二小姐跟三公主相隔九年，二小姐理應把三公主當作洋娃娃一般的看待，誰知二小姐早就對三公主產生妒忌之心，二小姐表面上對妹妹是十分好，可是在她真實的心裏面，原來是十分痛恨妹妹的出現！有一次家姐和妹妹在廳獨處時，我偷聽到二小姐跟三公主說：「你唔好懶得意呀！我好憎你呀！因為個個都錫晒你！」佩媽很明白二小姐的感受，因為二小姐看見其他人常常與妹妹玩，以往玩耍的主角現在輪為配角，覺得自己的地位受到威脅，於是二小姐為了引起佩媽注意，便開始有欠交功課、不溫習、不洗澡……等不合作行為，佩媽使用了很多方法去解釋，但始終也沒辦法令她明白，我們同樣地愛著她！

佩媽知道越拖得久，妒忌心只會越重，所以佩媽和小魔怪爸爸進行了一個特別行動，希望可以減少二小姐的不安：

1. 佩媽和小魔怪爸爸分別會獨自帶二小姐去街；
2. 請二小姐在能力範圍之內去照顧三公主；
3. 請求家人合作，放多一點注意力在二小姐身上；
4. 絕對不會表現出對二小姐妒忌三公主的擔憂。

這個特別行動算是不錯，成功減低了二小姐刻意引大家注意的行為，不過轉捩點是三公主一場大病，逆轉了二小姐多年心結。二小姐在生日當天看見突發抽筋的三公主，那一刻她才明白自己一直也很痛愛妹妹，她真的很害怕會失去妹妹，佩媽因為要在醫院陪伴三公主，二小姐也沒有介意生日沒有佩媽為她慶祝，自此二小姐的妒忌心便消失了。

不過，現在的二小姐偶然亦會有些微搞事行為出現，就是喜歡扮鬼樣子去嚇三公主、喜歡藏起三公主的玩具、喜歡拿走三公主的零食……。還有每晚佩媽左手抱住三公主時，二小姐便必要求右手抱著她睡覺，佩媽當然也會照抱二小姐啦，很快二小姐便會甜絲絲的睡著。但很搞笑地，三公主又開始妒忌佩媽也抱著家姐入睡，希望可以獨佔佩媽。哈哈！最應該妒忌是小魔怪爸爸，老婆也被兩個女所霸佔，其實佩媽最想大公子這刻會像二小姐及三公主一樣可以給佩媽抱抱瞓覺，可惜大公子長大了，抱抱也留給女朋友吧！

8.4　處理孩子負面情緒的技巧

劉姑娘說：

　　先回應佩媽的文章。為甚麼孩子會妒忌和爭寵？劉姑娘認為原因多是來自孩子在親子關係裏感到不安，擔心父母不再寵愛他們。到底家長如何協助孩子處理這些不安的情緒呢？

　　如何協助尋求「負面關注」的孩子？

1.　負面關注轉化為正面關注

　　一般來說，孩子的不當行為較容易吸引大人關注，因為那些問題需要父母即時處理，但亦正因為如此，他們很快便學懂「只要自己做得不好，大人便會關心自己。」所以，此時家長更加需要學懂以正面關注來回應孩子，例如：當留意他們出現「好行為」時「立即」給予讚賞，特別是回應有專注力不足情況的孩子，家長更需要以更快的速度給予讚賞，因為他們比較容易忘記剛剛發生的事情，所以即時讚賞有助鞏固他們的記憶。

另外，當家長留意到兄弟姊妹能夠「互相照顧」時，可將這個時刻加以放大，例如：採用誇張的面部表情及聲線，作出高度的讚揚。讓他們明白到「正面行為」會受到家人的重視，因此會改以正面行為來取代負面行為來吸引家長的注意。

2．提供安全感，每一位孩子都非常重要

　　若有多於一名子女，家長通常會花較多時間照顧年幼的小孩，因而令到年長的孩子感到不安，擔心自己在父母心中的地位被弟妹搶走，而有機會將該負面的情緒發洩在弟妹身上。劉姑娘建議父母採用佩媽的方法與子女「單獨約會」，以了解他們近來的「行為」背後的原因，然後再對症下藥。若他們願意把內心感受說出來，家長可表達欣賞。另外，該分享亦能為孩子製造獨一無二的記憶，及感受到父母對自己的愛和關懷，讓孩子知道家長的愛是永遠不變。

3．反映孩子的感受，讓他們感到被明白及被愛

　　劉姑娘留意到，家長跟進子女功課時都比較容易生氣，特別是面對孩子發問的時候，有時候或會以負面的情緒和行為來回應小孩，例如即時責罵小孩等。有一次，劉姑娘在餐廳中留意到一對母女，母親在餐廳內教導女兒功課，其女兒一手漂亮

的字吸引了我的注意。然後，在女兒詢問媽媽功課期間，媽媽突然變得很暴躁，並發怒大聲地罵女兒：「動動腦」、「你太懶」等。無辜的女兒立即感到非常害怕，然後閉上嘴巴繼續做功課。根據劉姑娘的經驗分析，相信日子一久，這位女兒與媽媽關係將會漸漸疏離，日後當女兒再遇到其他困難時，都難會主動找媽媽商量。

假如當時那位媽媽能夠表達出她對孩子的關懷，如跟女兒說：「我相信你必定覺得這些題目很困難，但我對妳的能力充滿信心，不如你嘗試再想一想再問我吧！」相信那孩子會感受到家長正在認真聆聽她的需要，及感受到被愛等。

以下是有關「反映孩子感受」的例子供家長參考：

例子：

媽媽：「我看到你眉頭深鎖是否感到不開心？」（反映感受）

孩子：「媽媽只會錫妹妹。」

媽媽：「你覺得媽媽很不公平。」（讓她感到媽媽積極聆聽）

孩子：「對呀！」

媽媽：「可否告知我哪一件事，令你覺得媽媽只愛錫妹妹？」（了解問題）

孩子：「你時常餵奶給妹妹，我都很想和你一起玩。」

媽媽：「（輕撫孩子的頭或肩膀）對不起，這段時間確實忽略了你，要不然當餵奶後或之前和你一起玩耍好嗎？」（表達關愛）

孩子：「好呀！」

4. 提升孩子的同理心，從別人的角度想事情

兒童通常都會表現得比較自我中心，習慣偏向以自己的角度去想事情，所以，訓練兒童同理心，能夠幫助他們學習以別人的角度想事情，讓他們了解他人的想法，及不要隨便批判別人的觀點。

劉姑娘曾接觸過一名非常自我中心的兒童，他的名字叫小剛（化名），有一次，因為有一名同學小芝（化名）注視著小剛，小剛因而感到十分憤怒，並認定小芝注視著他的原因是因為小芝正在取笑自己。但實情是小芝根本就沒有對小剛懷有惡意，他只是見到小剛望著自己，故此好奇地把視線落在小剛身上。然而，小剛卻只是一直堅持著自己的觀點是正確的，並拒絕考慮別人的想法和回應，堅決認定那位同學對自己懷有惡意，這就是缺乏同理心的表現。

父母應該協助提升子女的同理心，方法是鼓勵子女多去主動了解別人的真實想法、難處及行為的背後因由。在上述的個

案中，劉姑娘便耐心地指導兩位學生關於同理心的重要性，最後，他們二人都學習到其實「被人注視著」或會令到別人感到不快，及會容易產生誤會。然後，他們都明白到，以後應該多從別人角度想事情，這樣便會減少引起別人不快，及增加產生誤會的機會，同時，他們亦學懂了怎樣去嘗試理解對方的內心感受。

5. 培養子女樂於助人的習慣

劉姑娘相信自小培養子女樂於助人的習慣，能夠幫助他們建立正向的生活習慣，及提升他們的社交能力，有助他們和身邊的人維持融洽的人際關係。這些正向的能量能夠有助於子女對抗負面情緒。

劉姑娘鼓勵家長與孩子一同照顧家中的小動物、植物或玩具公仔等，這些活動都能夠從中鼓勵子女學習怎樣關懷身邊的人和物。劉姑娘便很喜歡購買醫生玩具、布娃娃給女兒，然後陪伴女兒進行角色扮演遊戲，一起照顧它們。例如：餵它們吃藥、打針等。久而久之，劉姑娘發現，女兒學懂了怎樣照顧別人，無論她遇到的是男女老幼，她都會主動去幫助別人。現在每晚臨近睡覺的時候，她都會為劉姑娘和爸爸先預備牙膏及牙刷，然後才為自己預備。

6. 製造「受動」機會

兄弟姊妹不和，許多時都來自孩子感到「不公平」，例如：他們認為父母偏心，有些甚至使用一些倒退行為，來吸引父母的注意。例如：「妹妹需要喝人奶，姊姊也要。」為了避免此類情況發生，父母可為姊姊製造「受動」的機會，例如跟姐姐說：「妹妹年齡還小，未有能力照顧姐姐。但姐姐就不同了，可以替媽媽照顧妹妹，妳真是媽媽的好幫手。」這些鼓勵和稱讚能讓她感到自己的重要，及以「姐姐」的身分為榮。

7. 動之以情，互補不足

劉姑娘非常認同佩媽要兩位孩子站立在揮春前，讓孩子把「相親相愛」的意義銘記於心的方法。劉姑娘小時候曾經與兄長爭吵，劉姑娘的媽媽亦曾說過一句觸動人心的說話，她曾表示「兄妹二人是流著同一種血，當日後媽媽過身之後，世界上只有你們最親了，大家更應該要互相幫忙。」就是這句說話，深深震撼了劉姑娘的心，自此劉姑娘和哥哥的關係由疏離迅速變成非常親近。直到今天，大家還會互相關心及幫忙。

另外，家長也可以嘗試放大一些開心時刻，當遇見孩子之間融洽相處時，例如，見到哥哥教導弟弟做功課，或弟弟教哥哥打籃球時，家長便應該主動地從中提醒他們：「原來有親人是這麼美好。」藉此提升他們對親人的親和感。

總結：面對兒童的負面情緒，家長必須要細心了解引發子女的負面情緒背後的原因，及當中他們的真實「想法」，然後，我們才能夠對症下藥，幫助子女走出負面情緒的困擾。但是，家長畢竟不是專業的心理輔導員，若發現子女負面情緒一直持續未有改善的話，甚至嚴重影響家人之間的關係，又或者發現子女的身體狀況或行為方面發出一些警號，例如：頭痛、失眠、食慾忽然不振或大增、恐慌、某些長期習慣忽然出現很大變化等，請立即向專業人士求助，例如：社工、家庭醫生、學校老師及相關的專業人士。

　　總之，大家必須謹記，我們的工作是要回應子女的情緒，而不單是為子女找尋解決方法，以下正是子女最需要父母為他們付出的：

- 多陪伴
- 多聆聽
- 多感受
- 多認同
- 多體諒
- 多接納

第九章

親子壓力管理及
正向激勵模式

9.1 兒女無力反抗的活動安排

佩媽說：

　　「特異功能」這四個字，據你理解是甚麼？是周星馳電影中「捽」牌的技術嗎？但在家長界別中，這四個字就成為了考取名校的皇牌，無論是考幼稚園、小學、中學，甚至可能考大學都是必需技能！

　　還記得二小姐完成整個六年級考中學的過程，正等待七月派彩結果的時候，她身邊不少同學已經獲得心儀的中學取錄了，當中一些參加田徑隊、羽毛球隊、管弦樂團的同學早就被名校所羅至。佩媽曾聽說過一個來自二小姐學校的傳說，有學兄當年小學未畢業就被九龍一所十分有名氣的男校招收成為中學生，並要求男生與校方簽訂合約。他於中一時代表學校參加了十一個比賽。

　　試想想這位男生的中一階段是怎樣過的？他真正上課時間有多少？最後，男生在中一階段履行了合約承諾後，在中二便轉去另一所普通學校，做回一個正常的中學生。姑勿論這傳說是真是假，憑所謂「特異功能」入讀名校，真的會令小孩快樂嗎？又有另一個例子，在大公子小學時，很多同學都參加了管

弦樂團。樂團常常因比賽要求孩子日練夜練，曾聽聞他們在假期朝九晚九地練習。這種程度莫說是小朋友，連大人也受不了！當然在這樣的操練下，樂團不難拿冠軍，但大公子告訴佩媽，他有很多同學在升中後不肯再拿起樂器。

原本學習樂器應該是一件快樂的事，為甚麼會變成一件苦差？更甚的是，佩媽聽說現在很多幼童在考小學時，手上已持有三級樂器證書。那只是四五歲人仔，你說是否很瘋狂？

現今的小學全部都提倡一生一體藝，有些學校更指鋼琴是必修課，要額外多學習一種樂器，但學生真的有那麼多時間嗎？小學課程已十分緊張，又時常測驗、默書，放學後又一大堆功課，有些功課是需要花時間上網搜尋資料的。如果再加不同的課外活動，又要舟車勞頓去學習，還有些要每天重複的練習，小孩不疲累，家長也很疲累！

二小姐其中一個小學同學的媽媽向佩媽訴說，孩子每天也是晚上十時才完成當天所有練習，晚餐也是在車上吃，回家沐浴後，便要完成功課及溫習。雖然這家長的子女最後也很出眾，成功入讀了九龍區極有名氣的齋校，但佩媽真的自認未能辦到！

　　回望過去，二小姐的六年小學生活，除了正常上課之外，其餘很大部時間也是在「學呢樣、學嗰樣」。她在小學階段學習內容包括：合唱團、雙簧管、繪畫、劍擊、管弦樂團、普通話、辯論等等。升至高小之後，由於功課開始忙，二小姐開始會清楚表達意願，佩媽便決定慢慢取消各種的課外活動。最令佩媽不捨得的是二小姐決定放棄參加「香港兒童合唱團」，除了這是一個很好的組織之外，重點是離開了便回不來，這個團對考中學可能有一定的幫助。所以，和二小姐糾纏了一段時間後，最終佩媽也尊重二小姐的決定。

　　佩媽過去為二小姐安排不同的課外活動，其實也是希望她接觸不同興趣，使她可以在一大堆活動中找到了她的繪畫興趣，並立志將來成為時裝設計師。雖然繪畫並非可以跟其他「特異功能」媲美，但佩媽會根據二小姐的興趣去選擇合適的中學，這樣才能發揮孩子真正的潛能，栽培她成材。那麼繪畫也就成了二小姐的「特異功能」！

9.2　A.C.E. 減壓法

衡爸說：

　　聽完佩媽的分享後，衡爸都感受到那些孩子和家長們所承受的壓力。畢竟，衡爸絕對不相信那些家長是為了虐待子女，而不斷地強迫他們學這樣又學那樣的。那些學習班的學費絕不便宜，衡爸雖然不及那些家長進取，但是不計花在小卡索就讀的幼稚園學費，而只計他參加的興趣班花費的話，每月的開支已經接近 $5000。衡爸和太太計算過，若我們省下這筆開支的話，費用已經足夠我們每年去一次歐洲旅行了。除了金錢之外，家長還要管接送，及陪讀陪練習，所以當孩子承受巨大壓力的同時，家長所承受的壓力也不容小覷。

　　衡爸深明，若我說：「不如大家讓子女少參加幾個活動，讓大家一起放鬆一點吧！」，你們也會跟佩媽站在同一陣線，會一起杯葛衡爸了。所以衡爸為大家預備了一個A.C.E.減壓法，希望能夠協助大家放鬆放鬆。

　　A.C.E. 減壓法是由三個步驟組成，它們分別是 1. 接受（Accept）、2. 選擇（Choose）、3. 力行（Execute）。

1. 接受（Accept）

我必須接受自己的情緒，這個由現況產生的情緒是不能否定的。例如，孩子因為面對考試而感到的壓力。

首先，我們要找出與壓力連繫的情緒，這種情緒是甚麼呢？我們可以先讓孩子安靜下來去仔細聆聽自己內心的聲音。我們可以這樣問孩子：「是甚麼原因讓你感受到這些壓力啊？」

孩子說：「因為快要考試。」

家長可以接着問：「當你想到快要考試的時候，現在有甚麼感覺（或情緒）？」

孩子回答：「擔心。」

這樣我們便能夠找到他們的壓力是來自擔心，接着我們便可以鼓勵他們接受這個「擔心」的情緒。

我們可以說：「快要考試了，感到擔心是非常正常的。讓我們一起找方法來增加能夠幫助自己的能量吧。」

其實我們是不能讓他們不擔心的，但是我們可以增加他們的一些能量來減輕或中和他們正在經歷的負面情緒。請謹記，我們必須找到和該種負面情緒相反的正面情緒來與之對抗，例如：擔心的相反就是自信。所以這時候，我們便應該讓他們回憶過往的成功經驗，以提升他們的自信心。

負面思考	正面思考
緊張 · 大型表演前會顯得緊張	平靜 · 多些練習後會更容易掌握
退縮 · 遇到困難時容易退縮	好奇 · 在困難的地方尋找好玩之處
害怕 · 害怕面對挑戰	勇氣 · 多與人合作，從群體中的互相鼓勵獲得勇氣
絕望 · 遇到難題時，想法會偏向災難化	希望 · 以多角度思考問題，凡事都有兩面，引動孩子往正面的方向思考問題

2. 選擇（Choose）

　　第二個步驟是，我們必須讓孩子清楚地了解到自己是擁有選擇的。首先，我們應該和他們一起探索面前的事情背後藏着的最高善意。何謂最高善意呢？其實所有事情的背後都有一個正向的意義，例如：閱讀新聞的背後意義，是讓我們能夠更深入地了解發生在這個世界的日常大小事。為甚麼許多學生都討厭讀書呢？原因就是，因為他們不明白努力讀書究竟有甚麼意義。繼續迫他們去做，只會讓他們視之為一件苦差，因此壓力越來越大。

故此，我們應該協助他們自由地在這些問題上去做選擇或建立一個新的想法。當新的正向想法出現了，那就會是一個好的開始。

3. 力行（Execute）

只要我們有了正向的想法，那就等同於是獲得一半的成功了。然後，力行便是成功的另一半。但是，走在這後面一半路途上，我們必須讓兒女保持愉悅的心情。如何確保兒女能夠一邊力行，一邊保持愉快的心情呢？

首先，我們可以把先前訂立的目標，及對該目標的想法用文字或圖畫記錄下來。然後把它放在顯眼處，用來時時提醒自己這個目標和那份正向的情緒。

接下來是，把實踐目標的計劃列出來，並一直把進度記錄下來。在完成某一段里程碑式計劃的時候，也不忘獎勵一下自己。這樣下來，我們在實踐目標的時候，就能夠保持放鬆的心情了。

9.3　比粗口更難聽的鼓勵

衡爸繼續說：

　　許多人都以為說鼓勵性的話便是正向教育了，如果事情真的這麼簡單就好了。因為衡爸曾在病床上躺過很長的一段時間，親身經歷過被鼓勵說話圍攻的感受。坦白說，有時候會覺得鼓勵的說話比粗口更難聽，所以我好抗拒單向別人說鼓勵的說話。

　　原因都是說者無心，但聽者有意，我這邊正在經歷着痛楚，你那邊卻在跟我說：「加油呀！努力呀！」我心裏真的爆出一句來：「我 X ！又不是我自己幫自己洗傷口，你去叫醫生和護士們加油努力好過啦！」然後又有人會跟我說：「唔緊要！好返就唔痛！」我真係想爆返佢地：「我 X ！我唔知道好返就唔痛嗎？唔係你痛梗係唔緊要㗎！但我而家真係好 X 痛呀！」

　　我當然無講出口，因為人家特意來探望自己，總不能對別人無禮，但以上都肯肯定是許多病患者的心聲。無論是身體疾病或是情緒疾病，他們的確需要的是治療和支持，但單靠正能量的說話，絕不是有效的支持。

說這些話的原因是，其實衡爸發覺，當代的兒童和躺臥在病床上的病患很相似，因為他們的命運同樣是「肉隨砧板上」。相信各位家長都希望孩子能夠入讀 happy school，在學校裏愉快地學習。但大家一想到他們未來需要面對的公開考試，身體便最誠實了。連一直主張孩子必須愉快學習的衡爸，也在小卡索三歲起，為他安排了超過五項「暑期興趣班」，當中還包括完全沒有趣味的數學、英語及普通話學習班。

　　帶著以上的信念，衡爸到不同中小學主講講座的時候，都會嘗試運用同理心去接觸這群年輕人。畢竟，他們才是在試場上廝殺的戰士。衡爸則以學者自居，在學校授課時在黑板上寫錯一兩個中文字，也能夠以「寫慣英文」作為掩飾。（衡爸很明白，在香港有數個編輯大人早就想幹掉衡爸了！）

　　早年衡爸曾經和朋友討論：「我們的生命是否只需要正能量呢？」包括被許多老師戲稱為八十後心靈激勵大師的衡爸都斷然否定。其實負能量是絕對有存在的必要，至少我們不能逃避負能量。面對別人哭的時候，最常見的鼓勵說話就是：「不要哭！哭是解決不了問題的！」沒錯！哭不能解決問題，但哭能幫助釋放負面情緒，不哭，反而把情緒壓抑了。

　　許多案例顯示，許多人在準備跳樓前，正正是忽然大哭一場後，便向後退一步回到安全位置，並打消了自殺念頭，至少衡爸曾經是當中的一位。故此，衡爸絕對明白，大家在面對兒女正在經歷艱難時期的時候，都想 do something，最低限度

也想說一句鼓勵的話。但其實如果你真的不知道應該做甚麼，就甚麼也不用做，甚麼也不用說，陪着對方，聽他發洩就可以了。因為在那一刻，正在受苦的正是他。

9.4　零分默書簿背後的激勵

　　早些時間，衡爸在網上閱到一件事：一位小學生默書拿了零分，然後被老師教訓。他的伯娘知道後，在默書簿內寫上了一句話：「希望老師能夠明白學習路漫長，也請欣賞學生沒有在簿上留白，而是有盡力過。」

　　這件事讓衡爸憶起，我也從沒有在默書簿上留白過，儘管衡爸在小學時的默書成績幾乎每次都是零分。但是，在老師心中卻留下了深刻的印象，因為衡爸每次默書時填上的交叉數目都是十分準確的。所以，衡爸的老師很明確地了解到，衡爸每次都非常專心地參與默書，會寫的就寫，不會的便打交叉，只是交叉太多，分數都被扣至變成負數了。

　　其實默書的滿分是一百分，六十分便是合格，每錯一個字扣五分，寫錯標點符號扣一分。衡爸從不會寫錯標點符號，但每次都有超過二十個字不會寫。衡爸的記憶力差，也缺乏溫習的技巧和動機，所以從來沒有信心拿到合格的成績。

　　讀書，失去信心便連打交叉的動力也會失去，誰喜歡拿零分？當零分的回饋只有批評和責備的話，信心又怎能保持下來呢？零分和責備便變成了永恆的惡性循環，直到一天學生情願奉上白卷一張。

衡爸至今都非常感謝那位願意核對我在默書簿填上的交叉數目的老師，至少她發現了我有努力參與過默書的事實，儘管衡爸一直都是拿零分。基於這份肯定，她今天能夠在學生默書成績不佳時鼓勵他們，說自己曾有一位學生每次默書都是拿零分，但他願意繼續努力學習，現在這位你們的師兄已經成為了一位作家，也是一位從事教育行業的專業人士。

9.5　八項激勵兒女的重要原則

　　上文已經談論過了，激勵並不是說幾句的正能量空話，再說兩個心靈雞湯的激勵故事便能夠打動人心。尤其是要激勵子女，我們必須花上許多心思和行動，才能夠讓子女真正地感受到父母希望傳遞給他們的心意。謹記一點，我們必須以行動來傳遞感動。

　　有關激勵子女的這一課，衡爸參考了由蘇珊·貝慈（Suzanne Bates）所著的〈Motivate Like A CEO〉一書。根據作者所指，當一個人能夠認清個人的角色與目標的話，他便能夠感受到該目標對他的真正價值，從而能夠激勵自己努力地實踐該目標。

　　這就像當年衡爸的青少年時期，本來一直都是無心向學的，但後來受到父母及眾恩師的激勵，衡爸便忽然確立了清晰的目標，然後便努力不懈地向着自己的標桿奔跑，直至衝過終點。

　　以下是衡爸在參考貝慈所提出的激勵原則後，對於家長如何能夠激勵子女一課，總結出來的一些建議。

建議（一）：協助子女認識自己及其目標

其實訂立目標並不是一件易事，所以當子女擁有目標的時候，我們就必須鼓勵他們要熱情地擁抱它。

同時，我們也應該協助子女去認識自己，了解自己訂下的目標。

另外也不妨嘗試通過以下問題來更清晰地了解自己：

1. 我享受這個目標的哪些部分？
2. 為甚麼我覺得這個目標重要呢？
3. 我在甚麼時候感到最滿足？
4. 當我和他人聊起這個目標時，我會怎麼說呢？
5. 在其他人眼中，我最大的優點是甚麼？

當子女開始思考自己如何與訂下的目標產生關聯的話，接下來，他們便會主動思考要如何實踐目標了。

建議（二）：真誠的溝通

子女都渴望父母能夠成為時常「鼓舞自己」的人，所以父母有義務去聆聽子女分享他的目標和理想。與子女溝通時，父母不必是一個專家，只需發自內心地聆聽及回應便可以，然後我們便會獲得子女的信任。

此外，不管子女和我們分享的是好消息還是壞消息，我們

都必須流露出真實的表情，別害怕讓子女發現自己的情感而感到難為情。若子女發現能夠和父母分享彼此的情感的話，他們才會樂於和父母溝通及接受父母的激勵。

建議（三）：主動去尋找能夠激勵子女的因素

別以為能夠激勵自己的因素，必然能夠激勵子女。例如，當你以為能夠舉起獎杯的時候會感到十分自豪，雖然兒女或許也會因為領獎而覺得高興，但這未必能夠成為激勵他們的因素。所以家長必須要主動去理解、體會與接受種種可讓子女產生動力的因素。

建議（四）：常與子女真誠地溝通

親子之間的真心對話與討論重要事情的過程，往往能讓父母與子女雙方都獲得巨大的滿足感。

因此，家長應該嘗試更多的方法來與子女溝通。例如聊天，把鼓勵的說話藏在小禮物裏，在一起用餐的時候把手機放下等。記住每一次的互動時刻，都能夠給予對方重要的激勵。

建議（五）：把談話重點放在子女身上

子女都渴望能夠得到父母對自己的尊重。與子女談話時，父母務必謹記：主角是子女而不是自己。而且溝通必須是雙向的，父母要顯露出自己對子女的話題感興趣的誠意，才能發展出真正的關係。

子女不是只喜歡談吃喝玩樂的事情，他們也願意多談一些自己在學校正遇上的問題。只要家長願意多花幾分鐘與子女對談，多問幾個問題，就能多認識他們，甚至能發現一些子女的優點。

建議（六）：多讚賞子女

不要把子女做得好的事情視為理所當然，在留意到子女有做得好的事情時便應該給予讚賞，例如：當子女主動幫忙做家務的時候，便應該親口說聲：「謝謝你的幫忙。」這些小小的「表態」，對子女來說，具有非常重大的意義。

建議（七）：守信

答應子女的承諾，必須守信。當你正遵守承諾的時候，就等於在教導子女應該如何為人處事。子女會效法你的言行，同時也會對你產生信任感。

建議（八）：信任子女

對於所有父母而言，「放手」是一項極艱鉅的挑戰。父母凡事都要管，就是害怕子女會失敗，會跌到受傷。其實孩子跌倒當然會痛，敗了悲傷也絕對正常，我們也是這樣走過來的。因此，我們應該在適當的時候放手，讓孩子自己去面對他們的人生。

9.6　哭着努力也能夠得到幸福

　　各位家長們，見到這個標題的時候是否充滿期待呢？這是衡爸在本書的最後一篇文章，希望能夠給予大家一點啟發。

　　許多家長及學生都在搜尋一些無痛學習法，相信我吧，這就有如衡爸一直尋找的無需捱肚餓、無需運動、無需接受手術的減肥方法經歷一樣，窮一生之力也絕對不會找得到。因為衡爸敢說，我所獲得的學位和證書，都是經歷過許多血汗而獲得的。衡爸永遠都不會忘記，當年在學士畢業典禮之前的兩個月內，曾經在自修室內哭過多少次。衡爸一邊流淚，身體卻一直在溫習和寫論文，經歷數星期不眠不休的努力後才能獲得這個心理學學士學位的。

　　其實分數代表了甚麼？衡爸作為一個生命教育工作者，其實一直在苦苦掙扎，並反思究竟成績表上面的分數代表了甚麼？這個分數是否 100% 反映了該位學生的價值呢？

　　在英國，有一名患有自閉症的學童考全國統一考試的成績不合格，老師特意寫了一封信去鼓勵這位學生。老師說出，「除了成績以外，這位學生還擁有許多才能，包括了：團體精神、獨立能力、仁慈、表達意見的能力等⋯⋯」衡爸感到很可惜，

因為這位老師所提及的才能，都不屬於公開試的應考科目。但是，這篇報導讓衡爸想起當年的伯樂，唸中學時遇上的許永豪校長。

升中的時候，衡爸拿著小六全科不合格的成績表，被媽媽拉著四處走訪不同的中學叩門。直到衡爸遇上了許校長，他望著那張成績表，在衡爸面前很直接地指出了成績表上唯一的合格分數。而這個分數，就連自己和媽媽也沒有著眼留意過，但是，校長卻因為這個分數而取錄了衡爸入學。而那個竟然是操行的分數，分數是 B+，如果化成數字的話，應該是 88-89 分吧！

那一刻，衡爸才發現操行的重要性。在現今功利主義掛帥的教學方式裏，學生和家長都不會留一點視野去察覺操行有多重要。但從教育的角度來看是極其重要的，因為操行分反映了學生的品格，而品格關乎一個人及一個社會的發展方向。

教育的目標從不是為了教學生拿幾高分，儘管分數也是重要，考試表現只代表了你對該科目的知識認識有多深。然而，教育者的任務不單要傳授知識，鼓勵學生自我發展潛能，善用所學知識，獲得分數以外的能力和價值也是同等重要的。因此，衡爸在此真心感謝那些曾經一直陪著我一邊哭泣一邊努力的恩師、家人及朋友。各位父母，請好好地支持你們的子女啊！

第十章

支援孩子情感需要的遊戲設計

現今社會家庭大部份家長為雙職父母，加上工時較長，家長回家之後，仍要忙教孩子功課，缺少心靈溝通。但若溝通只建基於單一的學業上，相信大家的關係只會不進則退。眼見如此，我們倒不如每天抽出半小時和孩子來一場自然不過的遊戲，進入彼此內心世界，舒緩一下壓力，成為對方的最佳拍擋。以下遊戲是結合參考書籍及劉姑娘過往經驗所組成，效果相當顯著，現在分享給大家：

10.1　遊戲（一）：蒙眼尋親

特色：家長或孩子蒙上眼睛之後，透過觸覺感受對方面部及手部的細紋，找回平日被遺忘的細節及發現大家的特徵，例如：爸爸的耳很大等。

（備註：建議多人參與，例如：家庭聚會）

物資：眼罩

目的：

- 增進家人的親密接觸
- 留意平日被遺忘的細節
- 增進正面話題
- 發現彼此的獨特性及相同部分，促進彼此關係
- 帶給正面關注
- 發現家人的轉變，從而學懂珍惜
- 透過表達對方的特徵，提升他們的成功感

遊戲玩法：

蒙眼觸摸家人的面部、手部等。之後，猜想對方是誰及將對方的特徵表達出來，而表達得最多特徵及猜對對方之家庭成員可作口頭讚賞，目的是增強他們在家庭的歸屬感。另外當知道自己答對問題，通常會有一種成功感，為各家庭成員增添不少歡欣。

10.2 遊戲（二）：尋情緒

特色：運用情緒卡，發現對方平日所隱藏了的情緒密碼，對一些不善於表達內心世界的人特別有效，此遊戲亦可增進各人的表達能力。

物資：情緒卡

目的：

- 了解家人的情緒狀態
- 將難以表達的心情透過圖卡表達出來
- 發現某些事件影響自己情緒，提升自我察覺
- 認識情緒
- 讓人進入我們的內心世界
- 增進正面話題

遊戲玩法：

將不同的情緒卡放在地上，再詢問家人今日的情緒，之後各人於地上找回最適合自己現時狀態的情緒卡，並表達為何會出現此情緒。此遊戲目的是了解事件對他們之影響，提升他們覺察情緒能力及讓其他家庭成員明瞭自己，特別對一些年齡較小的孩子來說更為有效。

備註：情緒從來都沒有分好與壞，只有行為才有分別。若果家長將情緒分為好與壞，那麼當孩子出現憤怒情緒時，家長便有機會作出訓話，這樣只會令孩子進一步壓抑他們認為不好的情緒。例如：「男人大丈夫流血不流淚。」所以我們更應該學懂承載他們的情緒，例如：「當他們說出情緒，可即時反映他們所說的情緒。」

10.3 遊戲（三）：愛的力量

特色：運用需要卡來填滿對方的需要，透過此遊戲發覺對方最需要哪一種愛，然後多向對方表達。

物資：需要圖卡

目的：

- 當他們的需要得到滿足時，便不需要採用負面行動來吸引別人
- 增進親密關係
- 了解各人不同的情感需要
- 滿足不同人的情感需要

遊戲玩法：

將不同的「需要圖卡」，如擁抱、錫額頭等擺放在當眼處，例如：家中的門、牆、地下等。再詢問家人今日的需要，然後他們便要指出其中一個「需要圖卡」，其他成員便按他們的需要作出相應的回應。例如：「孩子今日的需要是擁抱，各家庭成員應該真誠地向孩子作大大力的擁抱。」另外建議家人可以進行一次家庭會議，先商量各人的需要，再設計獨一無二的「需要圖卡」於家中使用。

需要卡內容：

1. 找一件事情真誠地讚美對方
2. 擁抱
3. 錫額頭
4. 齊擊掌（give me five）
5. 愛的語言，例如：「我愛你」
6. 服務對方，例如：洗碗

10.4 遊戲（四）：齊心畫

特色：運用顏料同心協力製作一幅圖畫，增進彼此間的交流。

物資：畫紙、顏色筆

目的：

· 增進默契

· 互相支持

· 沒有批評，給予自由創作空間

· 透過欣賞及鼓勵，增加成功感

遊戲玩法：

繪畫之前可以一同商議是次主題。據劉姑娘的經驗所得，在繪畫過程中孩子有機會表示不懂繪畫，要求家長替他們繪畫，而原因大多來自擔心別人的評語。此時家長可多作鼓勵，並告知他們繪畫的目的是希望共同協作繪畫一幅屬於你我的圖畫，為大家留下美好回憶。另外，透過繪畫可以增進彼此了解，例如：「媽媽喜歡使用紫色顏色筆，孩子喜歡繪畫白兔等。」完成後不妨為大家的付出給予讚賞，欣賞彼此的心思。

10.5 遊戲（五）：砌砌看

特色：運用砌圖，使原先分割開的獨立個體，變為完滿。

物資：砌圖

目的：

- 每一位家庭成員都非常重要，明白一個都不能少的意義
- 同心協力完成任務，增進成功經驗

遊戲玩法：

大家可以將家人的相片或圖畫製作成獨一無二的砌圖，各人拿走一小部份，並收藏在家中不同地方，之後大家便需找回對方所收藏的砌圖，找回之後大家便要齊心協力完成砌圖。寓意透過大家的付出這個家庭才得以完整。

10.6　遊戲（六）：智叻小主角

特色：利用角色扮演，讓他們容易進入情景之中，了解彼此的
　　　思考模式。

目的：

・增進彼此了解

・培養創造能力

・建立合宜的社交

遊戲玩法：

家長提供角色及場景，詢問孩子想扮演甚麼角色，從中家長可留意他們選擇的人物角色，以便了解他們的思考模式及個人喜好。例如：進行學校遊戲時，孩子所選擇扮演的人物，都反映他們校園日常所喜愛的老師、同學及科目等。而劉姑娘發現在玩遊戲的過程中，孩子通常都較喜歡扮演老師。

後記
教育兒女需要愛，更需要能力

其實筆者讀小學的時候非常討厭父母，有些時候，更會對父母懷有仇恨的情緒。最深刻的一段記憶是在大約十一歲的時候，有次筆者在整理自己最喜歡的相簿，把父母的照片都抽走，總之就是不想見到他們的樣子。筆者知道以上的說話很不孝，但當時那份感覺確是非常真實。

那時候討厭爸媽的原因主要是筆者感受不到他們對自己的愛。在童年的回憶裡，筆者只感受到他們很討厭自己，經常被打、被罵、甚至被冤枉。筆者也知道成績很重要，但筆者當時的學習情況就是已經被其他同學遠遠拋離，筆者還可以怎樣改善呢？不懂就是不懂，打和罵有什麼用呢？

打和罵對筆者的成績和品行的教導上完全沒有正面影響，當筆者上中學的時候，更結交了一些學壞了的朋友。但筆者並不是為了要學壞而結識他們，而是他們對筆者的態度比父母對自己好數倍。或者可以這樣說，筆者和他們都是一班感受不到父母愛我們的少年人，所以筆者更享受和他們相處。要不是筆者後來在受傷住院時，深深地感受到父母對自己的愛，相信今天筆者和父母的關係仍未和解。

落筆之際，正值小卡索升小一之時。小卡索的抽獎命與他的父親一樣差，故筆者也為他做了許多準備。基於那些準備，筆者在升小一放榜日當天早上九時半拿了派位通知書後，早上十一時前已把叩門申請表送往數間心儀的小學了。這就是筆者的管理能力，所有文件及行車路線早已預備妥，在許多家長還在流眼淚的時候，筆者已經按照計劃一一完成。

　　之後有家長群組的家長私訊筆者，詢問關於選校的看法，筆者對他說：「校舍的大小對學生的發展其實影響不大，校長的管理能力及校方管理層訂立的教育方針才重要，但最重要的還是學生家長的自身教育能力。」

　　筆者絕不否認，家長的能力才是最影響子女學習發展的關鍵因素。這個說法相當殘酷，但這的確是事實。筆者從父母口中聽過最深刻印象的說話，是他對小卡索說：「爺爺嫲嫲以前不懂得這樣教小孩，所以才經常打你爸爸囉！」是的，我們都很痛錫孩子，但要教好孩子，除了用心，更需要用對的方法，「不懂得！」絕對不是藉口。筆者主講家長教育講座的時候，都會鼓勵家長持續學習，一為學習更多知識；二為孩子樹立一個好榜樣。

學習辛苦嗎？當然辛苦，但筆者相信，為了子女所付出的辛苦都是值得的！在此，筆者十分欣賞各位家長堅持閱讀至本書的最後一頁，希望我們三人的分享能夠提升各位教育兒女的能力，令親子關係都變得融洽，大家都能夠維持身心健康。

最後，筆者在此感謝父母的耐心教導，儘管他們的能力有限，但父母給予了筆者無盡的愛，而且他們也一直努力地增值自己，把筆者教導成比他們更厲害的父親。

筆者也再次感謝佩媽再次與我合作，同時也感謝劉姑娘加入這個 P 牌爸媽的團隊。最後要重點多謝編輯大人 Nancy 俠義相助，親自出手拯救這堆一拖再拖的稿件，使我們能夠趕及在二零一九年書展和大家見面！

張潤衡

張潤衡、錢佩佩、劉金靜 合著

作者：張潤衡、錢佩佩、劉金靜
插畫：劉金靜
設計：4res
編輯：Nancy

紅出版（青森文化）
地址：香港灣仔道一三三號卓凌中心十一樓
出版計劃查詢電話：(852) 2540 7517
電郵：editor@red-publish.com
網址：http://www.red-publish.com

香港總經銷：香港聯合書刊物流有限公司
　　　　　　香港新界大埔汀麗路 36 號中華商務印刷大廈三字樓
台灣總經銷：貿騰發賣股份有限公司
　　　　　　新北市中和區中正路 880 號 14 樓
　　　　　　(886) 2-8227-5988
　　　　　　http://www.namode.com

出版日期：二零一九年七月
圖書分類：親子／教養
國際標準書號：978-988-8568-91-8
定價：港幣八十八元正／新台幣三百五十圓正